铁基复合体系构建及光催化性能机制研究

Construction of Iron-based Composite System and Study on Photocatalytic Performance Mechanism

王帅 著

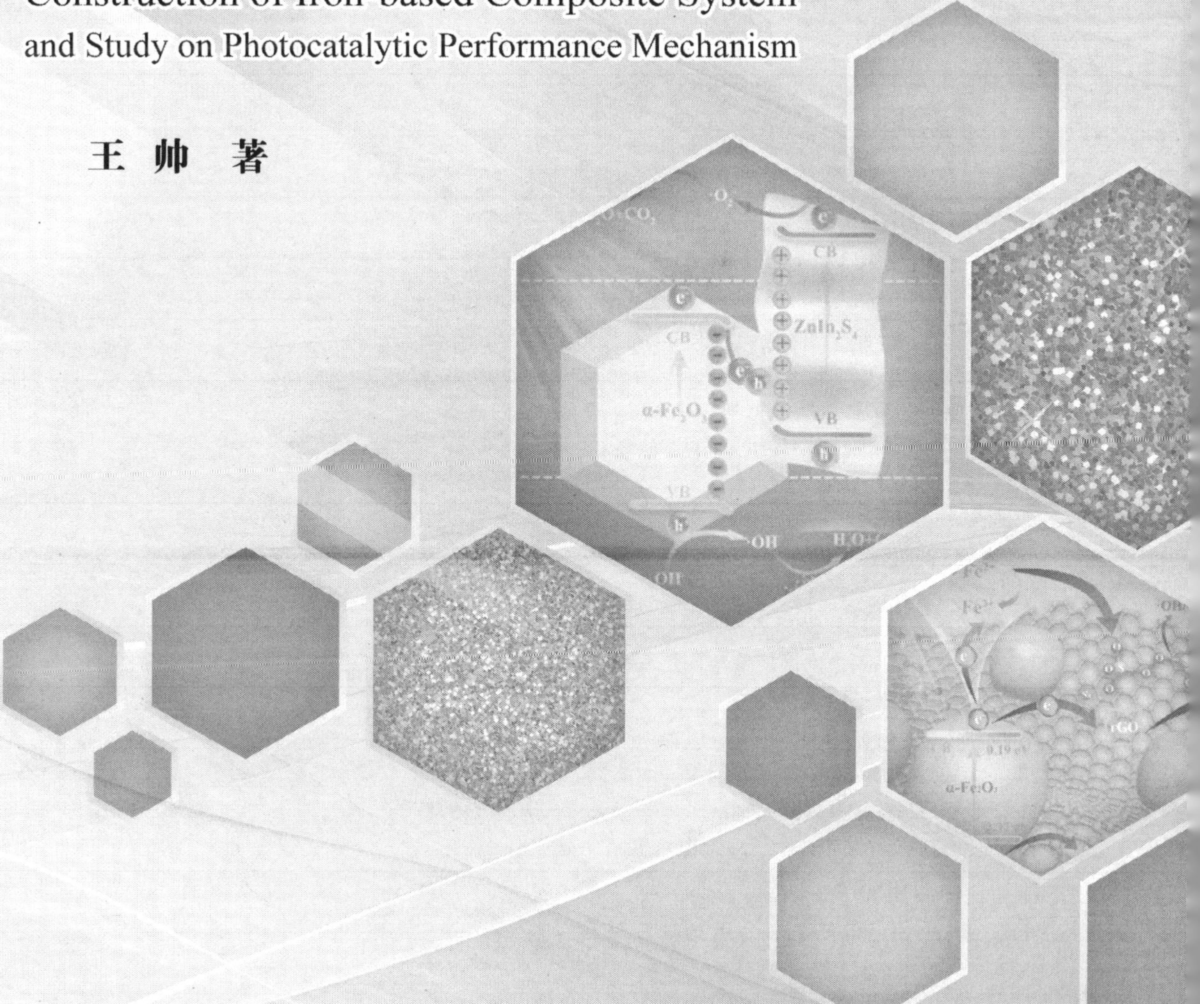

哈爾濱工業大學出版社
HARBIN INSTITUTE OF TECHNOLOGY PRESS

内 容 简 介

本书主要以窄带隙半导体铁基氧化物 α-Fe_2O_3 为基础材料，通过简单实用的方法合成多种 α-Fe_2O_3基复合光催化剂。围绕 α-Fe_2O_3 分别构建了 α-Fe_2O_3/rGO/PS、MoS_2/Ag/α-Fe_2O_3、α-Fe_2O_3@$ZnIn_2S_4$、α-Fe_2O_3@$ZnIn_2S_4$/Ti_3C_2 QDs 4 种复合体系，并对复合材料进行了多种表征和光催化性能的测试。一方面以 α-Fe_2O_3 为基础构建复合体系可以充分利用可见光进行光催化反应；另一方面构建了多种 α-Fe_2O_3 基异质结构复合体系，通过复合体系中异质结的形成来提高光生载流子的分离效率，促进复合体系在可见光诱导下光催化性能的提升。通过多种表征手段揭示各种异质结的形成和影响光生电子空穴迁移转化的机理，并结合对环境激素类物质双酚 A 的氧化降解实验，研究了复合体系对污染物质的降解过程，为该工作的实际应用提供了实验依据。

本书可以作为从事光催化研究的科研工作者的参考用书，对铁基氧化物研究、从事环境保护及污水治理中双酚 A 的治理等行业具有一定的借鉴价值。

图书在版编目(CIP)数据

铁基复合体系构建及光催化性能机制研究/王帅著.
哈尔滨:哈尔滨工业大学出版社,2025.6.—ISBN
978-7-5767-2032-7

Ⅰ.O643.36

中国国家版本馆 CIP 数据核字第 20250Y4N05 号

策划编辑 杜 燕
责任编辑 杨 硕
封面设计 高永利
出版发行 哈尔滨工业大学出版社
社 址 哈尔滨市南岗区复华四道街 10 号 邮编 150006
传 真 0451-86414749
网 址 http://hitpress.hit.edu.cn
印 刷 哈尔滨圣铂印刷有限公司
开 本 787mm×1092mm 1/16 印张 8.5 字数 166 千字
版 次 2025 年 6 月第 1 版 2025 年 6 月第 1 次印刷
书 号 ISBN 978-7-5767-2032-7
定 价 39.80 元

前　言

随着人类社会的发展和工业化水平的进步，环境污染和能源危机已经成为限制人类进一步发展的全球性问题。经过人们多年的研究和探索，基于利用太阳能的半导体光催化技术逐渐引起人们关注，被认为是解决环境与资源问题的有效手段。但是，传统的单一组分的半导体光催化剂（如 TiO_2、ZnO 等）在实际应用过程中还存在可见光利用率较低和光生载流子易复合等缺陷，这也在很大程度上限制了光催化技术的进一步发展和应用。因此，拓展光吸收范围和提高光生载流子利用率成为光催化领域的主要研究方向。在目前研究的半导体光催化剂中，铁基半导体材料（如 $\alpha-Fe_2O_3$、Fe_3O_4、FeOOH 等）被广泛研究并应用。其中，$\alpha-Fe_2O_3$ 是一种能够充分利用可见光的窄带隙（2.0～2.2 eV）半导体金属氧化物，具有氧化能力较强、无毒环保和价格低廉等优点，在光催化领域的实际应用中具有广阔的前景。通过对其进行贵金属沉积、半导体复合等改性手段来构建 $\alpha-Fe_2O_3$ 基的异质结复合体系，以及引入过硫酸盐活化和芬顿反应等高级氧化技术形成耦合催化体系，有望同时实现太阳能的有效利用和光生载流子的高效分离，进而获得高光催化性能复合体系光催化剂。

基于上述思考，本书围绕 $\alpha-Fe_2O_3$ 基复合光催化体系构建及光催化性能优化展开研究，分别构建了 $\alpha-Fe_2O_3$/rGO/PS、MoS_2/Ag/$\alpha-Fe_2O_3$、$\alpha-Fe_2O_3$@$ZnIn_2S_4$、$\alpha-Fe_2O_3$@$ZnIn_2S_4$/Ti_3C_2 QDs 复合体系，并对复合材料进行了多种表征和光催化性能的测试，具体研究内容如下。

（1）利用简单的一步水热法合成了 $\alpha-Fe_2O_3$/rGO 复合光催化剂，通过改变 Fe 与 rGO 的摩尔比和水热条件等参数，合成性能最优的样品，并通过表征测试揭示所制备光催化剂的晶相组成、微观结构和光吸收性质。在模拟可见光催化的反应条件下，向反应溶液中加入过硫酸盐（PS），构建可见光催化与过硫酸盐自由基氧化协同降解污染物的高级催化氧化反应体系，3 h 后双酚 A 的降解率达到 99.1%。高光催化活性归因于光催化过程活化过硫酸盐生成硫酸盐自由基与羟基自由基共同氧化降解双酚 A（BPA），同时还存在光催化氧化与自由基氧化之间的协同作用。

（2）通过水热法和光沉积的方法成功合成了 MoS_2/Ag/$\alpha-Fe_2O_3$ 基复合光催化剂，构建了全固态 Z 型异质结并且设计了光-芬顿耦合催化体系高效降解水中有机污染物。对制备的 MoS_2/Ag/$\alpha-Fe_2O_3$ 异质结复合体系进行多种表征，以验证其独特的结构和光电化学性质，并通过双酚 A 的光催化降解来评估可见光催化性能，3 h 后双酚 A 的降解率达到 96.2%。光-芬顿耦合催化的协同效应产生的大量·OH 和·O_2^- 是降解双酚 A 的关键。

（3）通过水热法和原位生长法实现了 $\alpha-Fe_2O_3$ 与 $ZnIn_2S_4$ 的有效复合，成功构建了新型的 $\alpha-Fe_2O_3$@$ZnIn_2S_4$ S 型异质结复合光催化体系。由于 $\alpha-Fe_2O_3$ 和 $ZnIn_2S_4$ 界面间的紧密接触以及费米能级差异使界面间产生反向内建电场，从而促使光生电子-空穴对的有效分离，因此大大提高了复合体系的光催化性能，320 min 的反应过后双酚 A 的降解率达到94.7%。

(4)在 α-Fe_2O_3@$ZnIn_2S_4$ S 型异质结复合光催化体系基础上,引入 MXene Ti_3C_2 QDs 构建了 α-Fe_2O_3@$ZnIn_2S_4$/Ti_3C_2 QDs S 型异质结/肖特基结双异质结串联光催化体系。Ti_3C_2 QDs 的引入进一步提高了光生载流子的分离效率,这归因于 Ti_3C_2 QDs 优异的金属导电性在与 $ZnIn_2S_4$ 的接触界面间产生了肖特基结,S 型异质结/肖特基结双异质结串联机理产生的协同效应展现出良好的光生电子分离效率,并因此产生大量的 ·OH 和 ·O_2^- 活性物种,使复合体系具有优异的光催化活性,160 min 后双酚 A 的降解率达到96.1%。

由于作者水平有限,书中难免存在疏漏及不足之处,恳请广大读者批评指正。

作　者

2025 年 3 月

目　　录

第1章　绪　论

1.1　课题背景及研究意义

随着人类社会的发展和工业化水平的进步，环境污染和能源危机已经成为限制人类进一步发展的全球性问题。尤其是工业生产和人类日常生活排放的污染物质导致的空气、水和土壤的环境质量日益恶化，严重影响人类现阶段的环境质量和子孙后代的可持续发展。因此，人们开始不断研究新技术、开发新方法，以解决日益严峻的环境污染问题。在众多污染防治手段中，光催化氧化技术的发展为环境污染的治理提供了新的方法和可能性，由于其具有氧化能力强、反应条件温和、选择性小、无二次污染等众多优点，能够高效、快速地氧化分解多种环境介质中的污染物质，因此被公认为最具有应用前景的环境污染治理技术之一。

利用光催化氧化技术高效降解环境污染物的关键在于研发和制备合适的半导体光催化剂，而具有实际应用价值的光催化剂应当同时满足两个基本条件：一是光催化剂能够在自然条件下进行应用，即能够吸收可见光完成催化氧化反应。二是催化剂要具有较高的氧化能力，即光生电子和空穴的利用率高。然而，这两个条件又相互矛盾，具有可见光响应的半导体材料的带隙相对较窄，光生电子和空穴很快复合，利用率较低，量子效率低，因此催化剂的氧化能力也较弱；而带隙较宽的半导体，虽然有利于光生电子和空穴的分离，光生载流子利用率较高，量子效率高，氧化能力也较强，但是较宽的带隙结构导致催化剂只能利用紫外光，无法吸收可见光。因此，围绕这一矛盾问题，人们展开了深入的研究。其中，先选择合适的窄带隙半导体材料作为光催化剂，并在此基础上对其进行改性，进而提高其量子效率，以期制备同时具有可见光响应和较高氧化性能的复合光催化体系是一种理想的选择。

在众多的具有可见光响应的窄带隙半导体材料中，铁基氧化物作为一类广泛存在于自然界中廉价、易得的，且多种光、电、化学性质优异的材料，近年来受到广泛关注和研究应用。其中，$\alpha-Fe_2O_3$ 作为典型的窄带隙（2.0～2.2 eV）n 型半导体材料，是人们研究较多的铁基氧化物之一，被广泛应用于污染物降解和解决能源问题等方面。然而，$\alpha-Fe_2O_3$ 虽然具有可见光响应，但其窄带隙的能带结构导致较低的量子效率，使可见光催化活性受到很大限制，因而需要对 $\alpha-Fe_2O_3$ 进行改性研究。目前，在 $\alpha-Fe_2O_3$ 的基础上构建二元或多元复合光催化体系的方法应用较多。一方面，通过二元或多元复合体系的构建，可以促进光生电子转移，提高光生载流子的分离效率。同时，复合体系也有助于提高催化剂的表面吸附和可见光响应，增强催化性能。另一方面，合适的半导体材料与 $\alpha-Fe_2O_3$ 构建复合体系可以形成异质结。通过有效复合构建异质结和内建电场，以及由于材料复合引起的带隙位置的改变，来实现光生载流子的定向移动和有效分离，从而提高量子效率。因此，以 $\alpha-Fe_2O_3$ 为基础材料构建复合光催化体系具有很好的应用前景。

基于上述背景，本书选择铁基氧化物 $\alpha-Fe_2O_3$ 作为可见光催化剂，在此基础上构建以 $\alpha-Fe_2O_3$ 为基础材料的复合光催化体系 $\alpha-Fe_2O_3/rGO/PS$、$MoS_2/Ag/\alpha-Fe_2O_3$、$\alpha-Fe_2O_3@ZnIn_2S_4$、$\alpha-Fe_2O_3@ZnIn_2S_4/Ti_3C_2$ QDs。通过多种实验手段研究这些光催化体系的构建方法和复合催化剂表面光生载流子量子效率提高的微观机制，以环境污染物双酚A（BPA）作为目标降解物，对多种复合体系的光催化性能进行评价和机理分析。

1.2　光催化技术研究概况

1972 年，日本科学家 Fujishima 等发现 TiO_2 能够在紫外光照射下催化分解水产氢，这一现象立刻引发了利用半导体材料进行光催化反应的热潮，在解决能源短缺问题上开辟了一个新的方向。随后，1976 年加拿大科学家 Carey 等又利用 TiO_2 作为催化剂，在紫外光照射下成功降解了持久性有机污染物——多氯联苯（PCBs），这一发现使光催化技术在环境污染治理领域又迈出关键一步。基于光催化技术在氢能源开发和环境污染治理领域的广阔应用前景，人们开始了多种半导体光催化剂的研发和催化剂催化活性进一步提高的改性研究。随着光催化技术研究的深入，人们发现以 TiO_2 为代表的光催化剂，虽然具有较高的光催化活性，但是由于自身的带隙较宽（3.2 eV），价带上的电子只能被紫外光激发，无法有效利用可见光，这也成为光催化技术实际应用的瓶颈因素。于是，如何提高催化剂对可见光的利用效率和提高光催化活性成为光催化技术研究的关键问题。针对这一现状，人们一方面从宽带隙半导体光催化剂入手，进行结构修饰改性，构建多元复合体系，拓展光响应范围和提高光催化活性；另一方面开发具有可见光响应的窄带隙半导体光催化剂，同时在单一可见光催化剂的基础上构建不同形式的复合光催化体系。经过多年的发展，目前光催化技术已经初步进入商业发展阶段，在室内空气治理、污水深度处理和土壤修复等方面得到应用。

1.2.1 半导体光催化技术机理

半导体光催化反应的基础源于半导体能带理论。半导体能带理论认为，半导体内的电子优先占据能量较低的轨道能级，由电子占据的低能级轨道称为价带（valence band，VB）。当半导体接受能量辐射时，位于价带的电子会吸收能量，从而被激发向高能级轨道跃迁，具有较高能级的轨道被称为导带（conduction band，CB）。价带顶和导带底之间的距离称为禁带宽度（E_g）。当能量等于或者大于 E_g 的光照射半导体时，价带上的电子被激发跃迁至导带，成为光生电子，而价带上会留下带正电的空穴，即光生空穴，光生电子-空穴对又称为光生载流子。这些光生电子和空穴分别具有较强的还原性和氧化性，能够与吸附在半导体表面的电子受体和有机物质发生氧化还原反应，从而完成催化氧化反应，光生电子和空穴的数量也直接决定了光催化剂活性的大小，这个过程就是光催化技术的基础。

半导体光催化反应过程可以分为两部分，即光照产生光生载流子和催化氧化反应，如图 1.1 所示。

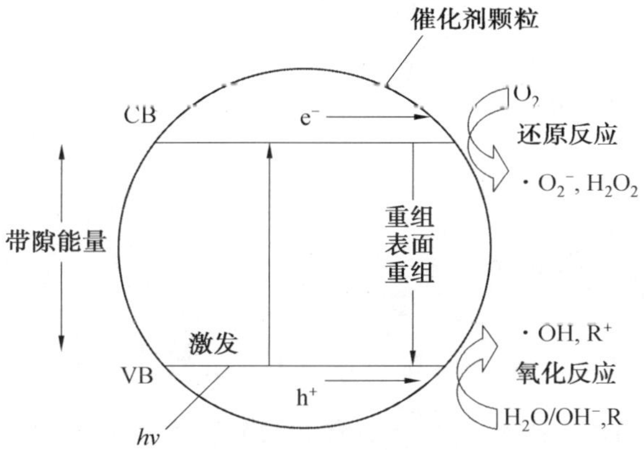

图 1.1 半导体光催化反应过程机制图

（1）光照产生光生载流子。

当能量大于 E_g 的光照射催化剂时，价带上的电子受到光激发，产生电子（e^-）和空穴（h^+）对。在此过程中，跃迁到导带的光生电子极不稳定，大部分光生电子会在短时间内弛豫回导带，与光生空穴重新复合，发生光生载流子的湮灭，多余的能量以热量或荧光的形式释放，这也是限制光催化反应活性提高的不利因素。仅有少部分光生载流子可以被有效利用,参与到光催化反应过程中。

(2)催化氧化反应。

部分没有湮灭的光生电子(e^-)和空穴(h^+)由于具有较强的还原性和氧化性,分别参与光催化反应。光生电子在向催化剂表面扩散迁移的过程中,与材料表面吸附的作为电子受体的 O_2 和 H_2O 发生还原反应,生成具有高活性和强氧化性的 $\cdot O_2^-$、$\cdot OH$ 和 H_2O_2 等自由基。同时,光生空穴也会与 H_2O 或 OH^- 发生氧化反应生成 $\cdot OH$ 自由基,或者空穴直接氧化有机污染物。这些 $\cdot O_2^-$ 和 $\cdot OH$ 等自由基,能够将吸附在催化剂表面的有机物分子无选择性地完全矿化成 H_2O 和 CO_2 等无机小分子,从而实现对有机污染物的降解和消除。

整个光催化反应机理可以归纳为以下几个反应过程:

$$\text{半导体}+h\nu \longrightarrow e^-+h^+ \tag{1.1}$$

$$e^-+h^+(\text{复合}) \longrightarrow \text{热能或荧光} \tag{1.2}$$

$$e^-+O_2 \longrightarrow \cdot O_2^- \tag{1.3}$$

$$H_2O+\cdot O_2^- \longrightarrow \cdot OOH+OH^- \tag{1.4}$$

$$\cdot OOH+\cdot OOH \longrightarrow H_2O_2+O_2 \tag{1.5}$$

$$\cdot OOH+H_2O+e^- \longrightarrow H_2O_2+OH^- \tag{1.6}$$

$$e^-+H_2O_2 \longrightarrow \cdot OH+OH^- \tag{1.7}$$

$$h^++H_2O \longrightarrow \cdot OH+H \tag{1.8}$$

$$h^++OH^- \longrightarrow \cdot OH \tag{1.9}$$

$$\cdot O_2^-(\cdot OOH,\ \cdot OH)+\text{有机物} \longrightarrow H_2O+CO_2 \tag{1.10}$$

1.2.2 常见的半导体光催化材料

根据禁带宽度(E_g)的大小,半导体可被分为宽带隙半导体(E_g>3.0 eV)和窄带隙半导体(E_g<3.0 eV)。当入射光波长刚好能够满足激发电子跃迁时,该波长被称为阈值波长,用 λ_g 表示。半导体的光吸收阈值波长 λ_g 和禁带宽度 E_g 之间存在以下关系式:

$$\lambda_g(\text{nm})=\frac{1\ 240}{E_g(\text{eV})} \tag{1.11}$$

由此式可以看出,禁带宽度(E_g)越大,能够引起电子跃迁的入射光的波长越小,禁带宽度 E_g>3.0 eV 的宽带隙半导体只能吸收阈值波长 λ_g<413 nm 的光,典型的宽带隙半导体光催化剂 TiO_2 的禁带宽度 E_g=3.2 eV,通过计算可知,TiO_2 的阈值波长 λ_g≈388 nm,即 TiO_2 光催化剂只能在紫外光照射下产生光催化活性;而禁带宽度(E_g)越小,能够引起电

子跃迁的入射光的波长越大，禁带宽度 $E_g>3.0$ eV 的宽带隙半导体能吸收阈值波长 $\lambda_g>413$ nm 的光，常见的窄带隙半导体材料 $\alpha-Fe_2O_3$ 的禁带宽度 E_g 为2.0～2.2 eV，通过计算可知，$\alpha-Fe_2O_3$ 的阈值波长 λ_g 为620～564 nm，即 $\alpha-Fe_2O_3$ 在可见光的照射下就可能产生光催化活性。

另外，半导体按照光生电子和空穴浓度的区别，还可以分为n型半导体和p型半导体。n型半导体中自由电子的浓度远大于空穴的浓度，即光生载流子中多数为光生电子；而p型半导体中空穴浓度远大于自由电子浓度，即光生载流子中多数为空穴。

(1)金属氧化物半导体光催化剂。

金属氧化物半导体材料是一类具有半导体特性的金属氧化物，一般具有较好的稳定性，在能源、材料和环境领域都得到广泛的应用。自1972年Fujishima首次发现可利用 TiO_2 作为电极在紫外光照射下催化分解水产氢的现象以来，人们越来越意识到直接利用太阳能制氢具有极大可能性和应用前景，这也为利用金属氧化物半导体作为光催化剂进行新能源开发开辟了一条道路。随着对 TiO_2 研究的逐步深入，其他金属氧化物如ZnO、WO_3、SnO_2 等也作为光催化剂相继被开发和使用，并根据各自的性质在光催化分解水产氢、CO_2 还原技术、降解环境污染物质等领域得到深入研究。目前，开发具有实际应用价值的具有可见光响应、高活性的金属氧化物光催化剂仍然是光催化领域的难点和瓶颈。

TiO_2 是光催化技术发展至今应用最广泛的半导体光催化剂，因其具有众多优点如储量丰富、无毒无害、较强的光催化活性、成本低廉、稳定性好等，被认为是最理想的半导体光催化材料。TiO_2 主要有4种晶相：板钛矿、锐钛矿、金红石和 TiO_2(B)。而在光催化领域应用最多是锐钛矿相和金红石相，其中以锐钛矿相的光催化活性最高。这主要是因为 TiO_2 的锐钛矿相和金红石相虽然都是四方晶系，但是二者的八面体间连接方式及晶格畸变程度不同。在金红石型 TiO_2 中，每个八面体与周围的10个八面体相连接(2个共边和8个共角)。而在锐钛矿型 TiO_2 中，每个八面体与周围的8个八面体相连接(4个共边和4个共角)，这种晶体结构导致的二者能带结构的差异决定了锐钛矿型的 TiO_2 更适用于光催化、太能电池等方面的应用。另外，Zhu和Cui等对于锐钛矿型向金红石型 TiO_2 转变过程的研究表明，相变过程始于锐钛矿型 TiO_2 中的晶粒的团聚。而团聚过程不但减小了比表面积，也使晶体表面的羟基含量减少，使得催化反应中捕捉氧能力减弱，产生的活性自由基较少，催化活性降低。虽然锐钛矿相和金红石相的 TiO_2 具有活性差异，但是二者按照一定比例(金红石20%，锐钛矿80%)合成的复合 TiO_2 材料(商业P25)则表现出更高的光催化活性和稳定性。TiO_2 具有的优点使其得到广泛研究，但是其自身存在的缺点也同样限制了其实际应用。TiO_2 的禁带宽度为3.2 eV，无法直接利用可见光，只能吸收占自然光4%的紫外光，太阳能利用率低，尚无法在自然条件下大规模使用。而光生电子和空穴复合较快的问题也限制着光催化活性的进一步提高。因此，研究拓展可见光响应和抑制光生电子-空穴复合的改性方法仍然是 TiO_2 光催化剂研究的主要方向。

ZnO 作为一种重要的金属氧化物半导体材料，因其众多优异的物理和化学性质，被广泛应用于空气和水净化、消毒杀菌反应、传感器制备、发光器件和绿色有机合成等领域。ZnO 化学性质稳定、无毒无害、廉价易得，而且合成方法简单，近些年，在新能源开发和环境污染治理方面更是得到广泛的研究和关注。与 TiO_2 一样，ZnO 也属于宽带隙的 n 型半导体，带隙能 E_g = 3.37 eV，价带和导带位置也同样具备光解水产氢和光催化降解有机污染物的条件。有文献报道，ZnO 的电子迁移率（200 ~ 300 cm · V · s）远高于 TiO_2（0.1 ~ 4.0 cm · V · s），这也有助于量子效率的提高。同时，ZnO 的价带位置比 TiO_2 低，所产生的羟基自由基的氧化电势高于 TiO_2，这也使得 ZnO 在光催化降解有机污染物时的氧化能力通常比 TiO_2 强。另外，ZnO 的制备方法多样，形貌结构丰富，可以通过控制实验条件可控地合成多种形貌微纳米，如椭圆形、针形、空心管、纳米线和纳米管等。这些不同形貌的 ZnO 材料在降解多种有机污染物方面均表现出很高的光催化活性。因此，ZnO 也被认为在光催化领域比 TiO_2 更具有发展优势和应用前景。

WO_3 是一种典型的窄带隙 n 型半导体金属氧化物，由于其具有优异的光、电和结构特性，被广泛应用于气体传感器、高温超导、多相催化和电致变色等多个领域。此外，通过多种光电手段测量得到的 WO_3 的带隙能为 2.5 ~ 3.0 eV，能够吸收可见光，且价带边缘 VB = 3.44 eV，使光生空穴具有较强的氧化能力，因此，近些年 WO_3 作为可见光驱动的光催化剂成为光催化领域的研究热门。然后，其光生电子空穴对的复合概率较大，迁移效率较低，且光生电子还原能力较弱，使 WO_3 的光催化活性受到严重抑制。因此，目前对 WO_3 的研究重点主要集中在利用 WO_3 具有可见光响应的优势，构建与其他材料的复合光催化体系，从而提高 WO_3 的可见光光催化活性。Zhu 等通过光沉积法构建的 WO_3/Ag 复合体系对磺胺类抗生素具有较好的降解效果。Xiao 等利用静电纺丝法将 BiOCl 纳米片生长在 WO_3 纳米纤维上，构建了 WO_3/BiOCl 复合体系，能够在可见光下高效地降解罗丹明 B 和苯酚。

（2）金属硫化物半导体光催化剂。

金属硫化物与金属氧化物均为较早被开发应用于光催化领域的半导体材料。O 和 S 同为ⅥA 族元素，金属硫化物即可视为金属氧化物中的 O 原子被 S 原子取代。而 S 原子比 O 原子多一个电子层，则金属硫化物的价带主要是由于 S 原子的 3p 轨道组成，导带由金属 d 轨道与 sp 轨道组成。这样的结构使金属硫化物具有比金属氧化物更高的价带位置和更负的导带位置，光生电子具有更强的还原能力和电子转移效率，更有利于光催化析氢。而且在金属硫化物的结构中金属离子的 d 轨道多数具有空（d^0）、半（d^5）和满（d^{10}）的电子构型，通常有着较窄的带隙结构，与多数金属氧化物相比具有更宽的光谱响应。近年来,研究比较广泛的金属硫化物半导体光催化剂主要有 CdS、SnS_2、MoS_2 和 ZnS 等,多数窄带隙金属硫化物还用来作为其他宽带隙半导体的敏化剂。

CdS 光催化剂是一种窄带隙(2.4 eV)金属硫化物,具有较强可见光响应能力和光致发光特性,是众多金属硫化物中应用最广泛的半导体光催化剂。CdS 有两种结构类型,分别是六方相的纤锌矿型和立方相的闪锌矿型。Zhang 等报道纤锌矿型 CdS 内部能形成内建电场,有利于光生载流子的分离和扩散,而闪锌矿型 CdS 内部不存在内建电场,这也决定了纤锌矿型 CdS 具有更高的光催化活性。同时,CdS 的导带带边比多数金属氧化物的导带带边位置更负,使光生电子的还原能力更强。CdS 还易于被其他配体进行表面功能化,使其具备疏水性或亲水性功能,为材料功能化提供了可能。然而,CdS 也具有窄带隙光催化剂的光生载流子复合概率大以及自身光腐蚀严重的一些缺点,这是限制 CdS 实际应用的关键因素。目前,人们主要通过构建 CdS 基复合材料来抑制载流子复合和提高材料稳定性,从而进一步开发 CdS 的应用潜力。

(3)复合金属氧化物半导体光催化剂。

目前,单一金属氧化物中某些宽带隙金属氧化物半导体的能带结构特点限制了催化剂的实际应用。针对这一问题,人们又进一步研发各种宽带隙金属氧化物的改性技术,同时开发多元金属氧化物催化剂。1998 年,Kudo 等利用 $BiVO_4$ 光催化剂在硝酸银溶液中光催化分解水,2001 年,邹志刚首次合成 $In_{1-x}Ni_xTaO_4$ 多元金属氧化物光催化剂,能够直接利用可见光进行光化学反应。随后,邹志刚课题组又首次将 Bi_2WO_6 光催化剂应用于光催化降解水中的有机物污染物。此后,$InVO_4$、$InTaO_4$ 和 $InNbO_4$ 等可见光响应的多元金属氧化物陆续被开发和应用。

钙钛矿型复合金属氧化物以天然钙钛矿结构得名,是一类以 ABO_3 为结构通式的半导体材料,A 通常为稀土金属元素,B 通常为过渡金属离子。钙钛矿结构氧化物具有优异的电学、磁学、光学性能,在铁电体、铁磁体、超导材料、催化剂等方面应用广泛。而在光催化领域,随着 Somorja 和 Domen 等陆续报道了 $SrTiO_3$ 在特定条件下光催化分解水的研究后,人们开始了钙钛矿型氧化物作为光催化剂的研究。其最引人注意的优点是组成和结构的灵活性,在制备钙钛矿过程中,A 位可以被碱金属和碱土金属占据,B 位则可以被多种过渡金属占据,A 位和 B 位也可以同时被不同金属离子掺杂形成 $AABO_3$ 或 $ABBO_3$,通过改变 A 位和 B 位的阳离子组成,构建具有不同能带结构、电荷转移和吸附特性的钙钛矿光催化剂。

(4)其他半导体光催化剂。

除上述常见的含金属半导体光催化剂以外,近些年,人们还陆续开发了多种不含金属的半导体光催化剂,其中碳氮化合物(CN)由于高效的可见及近红外光吸收、化学稳定、无毒和元素储存丰富等特点，拓展了光催化材料研究的新方向。在碳氮化合物的多种同素异形体中，石墨相碳化氮（$g-C_3N_4$）具有最稳定的七嗪环结构单元，其组成结构中的C和N原子以sp^2杂化形成高度离域的π共轭体系，是室温下最稳定的晶相。$g-C_3N_4$的最高占据分子轨道和最低未占分子轨道分别由N_{Pz}和C_{Pz}组成，禁带宽度为2.7 eV，因此可以吸收太阳光谱中波长小于460 nm部分的光。$g-C_3N_4$的导带（-1.2 V vs. NHE）和价带（+1.5 V vs. NHE）包含了水的氧化还原范围，理论上可以实现可见光照射下分解水。另外，$g-C_3N_4$具有较好的热稳定性，化学性质稳定，易于制备，因此是一种非常具有应用潜力的光催化剂。

1.3 光催化剂改性方法

随着光催化技术在环境污染治理和新能源开发领域的飞速发展，人们对光催化剂的研究逐渐深入，传统半导体光催化材料在实际应用过程中的局限性也逐渐暴露出来，成为限制光催化技术继续发展的瓶颈因素。这种局限性主要体现在两个方面：①宽带隙导致的可见光利用率较低。诸如TiO_2、ZnO、SnO_2等金属氧化物，虽然在紫外光下的光催化性能优异，但是仅能利用可见光的4%左右，在实际工程应用过程中，受到很大限制。②光生载流子复合概率大，量子效率低，限制了光催化活性的提高。针对这两方面缺陷，研究拓展光催化剂的光谱响应范围的方法，提高光生载流子的分离效率，进而提高光催化剂的综合性能，是光催化领域研究的主要方向。这类提高光催化剂性能的方法统称为光催化剂的改性。常见的改性手段主要有光催化剂的形貌和结构调控、非金属元素掺杂、贵金属沉积、染料敏化和半导体复合等。

1.3.1 形貌、结构的调控

半导体材料的形貌、结构和粒子尺寸的大小会直接影响光催化剂的光催化活性。同时，不同的形貌和结构也会改变光催化剂的光物理和光化学特性，从而影响光催化性能。常见的合成形貌主要有纳米颗粒、纳米线、纳米棒、纳米管、纳米片以及多面体结构。Zhang等通过简单的模板法制备了空心的TiO_2球，球体大小和壳层厚度可以通过改变钛酸丁酯的添加量来控制。Lu等将静电纺丝制备的TiO_2纳米纤维置于NaOH溶液中，通过调整反应时间，制备出了具有高反应活性的TiO_2纳米片（TiO_2-NFs）。Lian等利用水热法将$\alpha-Fe_2O_3$制备成纳米颗粒、介孔空心球、立方体和多孔纳米棒结构的多种形貌，通过对比发现多孔纳米棒结构的 $\alpha-Fe_2O_3$ 在光催化降解有机污染物中表现出更好的光催化活性。形貌和结构的调控以及赋予材料丰富的孔隙结构，使材料具有良好的透光性、大比表面积和强的吸附性能，为光催化反应提供更多的活性位点，从而提高了材料的光催化活性。

1.3.2　离子掺杂

掺杂改性是拓展催化剂光响应范围的一种有效手段。通过在半导体材料的晶格内部掺杂其他离子，取代晶格中原来某些原子的位置，从而构建新的杂质能级或者引入晶格缺陷，改变原有半导体材料的能带结构，影响光生载流子的复合概率，从而影响半导体光催化剂的催化活性。常见的离子掺杂方式可分为金属离子掺杂、非金属离子掺杂和多种离子共掺杂。

(1)金属离子掺杂。

金属离子掺杂一般包括过渡金属离子、稀土金属离子等。但是，并非所有金属离子掺杂都是有效掺杂，只有当掺杂金属的费米能级比半导体的 CB 低，此时，金属离子作为电子受体构建 p 型掺杂，在能带结构中引入低于原有导带的能级，半导体激发的电子才可能被金属有效捕获。而金属离子作为电子给体构建 n 型掺杂时，在能带结构中会产生一个高于原有价带的能级，形成的新能级结构能够拓展半导体的光响应范围，并在一定程度上提高光催化活性。Choi 等利用 21 种常见金属离子对 TiO_2 进行离子掺杂，并比较了光生载流子分离效率和光催化活性，结果表明：掺杂一定量的 Fe、Mo、V 和 Re 等离子时，TiO_2 光响应范围和光催化活性得到明显改善；掺杂 Li、Mg、Zn 等离子对光催化活性影响很小；而掺杂 Co、Al 则降低了 TiO_2 的光催化活性。

(2)非金属离子掺杂。

非金属离子掺杂常见的元素主要有 N、S、C、B、F 等。非金属元素的阴离子在掺杂过程中取代半导体中 O 的位置，可以在半导体原有价带上方引入新的杂质能级，从而在一定程度上降低带隙能 E_g，能够将光响应范围拓展至可见光。在众多非金属元素中，N 的原子半径与 O 原子相近，应用最广泛。例如 TiO_2 的 N 掺杂，N 原子可以占据 TiO_2 晶格中的取代位或间隙位，在原有带隙中产生局域能级，从而缩小的 TiO_2 带隙，使 TiO_2 的光响应范围向可见光区拓展。Chen 等制备了硅藻土负载 N 掺杂 TiO_2 纳米颗粒的复合光催化材料，不仅对污染物具有强吸附性能，而且在可见光照射下表现出较强的抗菌和降解能力。除 N 元素掺杂以外，C 掺杂的 TiO_2 也能有效减小带隙，将光吸收带边拓展至可见光，提高了可见光利用率。Dong 等以蔗糖为碳源，利用一步法合成的 C 掺杂 TiO_2，在可见光照射下可有效光催化降解气态甲苯。

(3)多种离子共掺杂。

离子掺杂是光催化剂改性的有效手段,但是单一金属或非金属改性在进一步提高催化剂活性上仍然存在一定的局限性。有文献报道,利用两种或多种离子共同掺杂可以产生协同效应,从而更好地改善催化剂的性能。相比单一离子掺杂,共掺杂可以提高掺杂有效程度和掺杂量,促进掺杂原子的均匀分布和丰度,实现同时改变能带结构和提高光生载流子的分离效率,进而提高光催化活性。目前,多种离子共掺杂已经成为催化剂离子掺杂改性的主流方法。共掺杂可以是多种金属共掺杂、多种非金属共掺杂以及多种金属/非金属共掺杂。Yu 等研究表明,C 和 N 掺杂 ZnO 会在费米能级之上产生空态,使导带位置下降,引起带隙变窄,使 ZnO 在可见光和紫外光区域均表现出较强的光吸收能力;Sandhyarani 等利用 N-F 共掺杂 TiO_2,提高了 TiO_2 的光吸收能力,进一步提高了其光催化活性;Kamal K. Kar 等利用 Zn-Mn 共掺杂 TiO_2;Alharthi 等利用 Gd-N 共掺杂 ZnO;Xu 等利用 C-N-S 3 种非金属元素共掺杂 TiO_2。

1.3.3 贵金属沉积

在半导体光催化剂材料表面沉积贵金属是光催化剂改性的一种有效手段。其主要是利用光沉积、化学沉积、浸渍还原、水热和溶剂热等方法,将贵金属(Au、Pt、Ag、Pb 和 Rh 等)负载在光催化剂表面的过程。贵金属沉积的方法能够改善催化剂的催化性能是多种机制的协同作用的结果。贵金属表面的自由电子在受到与这些自由电子振荡频率一致的入射光照射时,会产生共振波动现象,这种现象就是局域表面等离子体共振。当贵金属沉积在催化剂表面后,受等离子体共振效应影响,催化剂对光的吸收作用明显增强。因此,可以通过调整沉积贵金属的种类,贵金属粒子尺寸、形貌以及周围的电介质环境来调控贵金属的等离子体共振吸收效应,进而增强催化剂光吸收能力,拓展光吸收范围,提高催化剂对光的利用效率。另外,有文献报道,贵金属通过等离子共振效应从光照获得的能量还可以向半导体转移,即等离子体共振能量转移(plasmon resonance energy transfer,PRET),这种能量转移可以促进额外的光生载流子的生成,从而促进光催化活性的提高。

贵金属沉积在 n 型半导体上时,由于二者的费米能级不同,光生载流子的迁移路径会发生改变。一般沉积贵金属的功函数大于 n 型半导体的功函数,费米能级低于半导体的费米能级,电子会从半导体向金属表面迁移,直到二者的费米能级相同,此时,在贵金属与半导体接触的界面处会发生半导体能带弯曲,从而形成肖特基势垒。肖特基势垒能够有效捕获光生电子,改善电荷分离和转移过程,提高光生载流子分离效率,从而使光催化活性增强。需要注意的是,贵金属在催化剂表面沉积的量不是越多越好,过多的贵金属负载在材料表面,可能会阻碍催化剂自身对光的吸收,而且过量的贵金属自身可能会成为光生电子和空穴的复合中心,从而降低了光催化活性。

1.3.4　染料敏化

染料敏化是催化剂改性较为常用的方法,一般用于拓展宽带隙半导体光催化剂的光吸收范围,提高可见光利用率,进而改善催化剂的光催化性能。常用的有机染料敏化剂主要有叶绿素、花青类肽染料、罗丹明 B、曙红等,这些有机染料吸附在催化剂表面后,在可见光照射下能够激发出自由电子,光生电子可以注入催化剂导带上,进而参与氧化还原反应,由此将催化剂的光响应范围拓展至可见光。为得到理想的敏化效果,选择的敏化剂的激发态电势应与催化剂导带电势相匹配,同时确保敏化剂与催化剂吸附紧密,以保证激发电子的有效转移。Nimpoeno 等利用甲基红染料敏化 ZnO,使 ZnO 在可见光下降解苯酚的效率明显提高。Youssef 和 Hashim 等利用染料敏化的方法拓展了 TiO_2 和 ZnO 的光响应范围,使 TiO_2 和 ZnO 在可见光下具有了良好的光催化活性。

1.3.5　半导体复合构建异质结构

半导体复合构建异质结构是指将两种具有不同能带结构的半导体材料,通过内部晶相界面交联或表面组装的方式紧密接触在一起,构建复合体系,在两种材料复合接触的界面处可以形成异质结构。异质结构的形成能够改变电子迁移路径,有效促进光生电子和空穴的分离,延长光生载流子寿命,从而提高材料的光催化活性。选择合适的宽带隙半导体和窄带隙半导体进行有效复合还能有拓展催化剂光响应范围,提高可见光的利用率。随着近些年人们对异质结构的深入研究,异质结构中载流子的迁移转化机理也逐渐清晰,目前,异质结构主要可归纳为传统异质结、Z 型异质结、S 型异质结。

(1)传统异质结。

按照两种半导体的能带结构匹配情况,传统异质结还可以分为跨界隙型(type-Ⅰ型)和散落间隙型(type-Ⅱ型)两种类型,如图 1.2 所示。type-Ⅰ型异质结中,半导体 B 的价带和导带位于半导体 A 的价带和导带中间,在光照条件下,半导体 A 的光生电子和空穴会由于电势差的驱动,分别向半导体 B 的导带和价带上迁移。由于电子和空穴的扩散系数不同,电子的迁移速率较快,空穴迁移速率较慢,从而实现光生电子和空穴在时空上的分离,一定程度上抑制了光生载流子的复合,以此提高光催化活性。但是,由于电子和空穴分别迁移至半导体 B 的导带和价带上,在具有较低氧化还原电势的半导体上发生氧化还原反应,又导致了催化剂氧化还原能力的下降,因此,构建 type-Ⅰ型异质结对催化剂活性的提高并不明显。在 type-Ⅱ型异质结中,半导体 A 的价带和导带位置均高于半导体 B 的价带和导带位置,半导体 A 的光生电子向半导体 B 的导带迁移,而半导体 B 的光生空穴向半导体 A 的价带迁移。与 type-Ⅰ型异质结一样,type-Ⅱ型异质结在利用光生电子和空穴迁移过程中的时空分离来抑制二者复合的同时,也存在着催化剂氧化还原能力降低的问题。但是构建 type-Ⅱ型异质结的应用优势在于可以将具有可见光响应的窄带隙半导体与宽带隙半导体复合,在拓展可见光响应的同时提高催化剂的光催化活性。近些年,type-Ⅱ型异质结的构建得到广泛研究和应用,如 TiO_2/g-C_3N_4、ZnO/$BiVO_4$、CoO_x/g-C_3N_4 等复合体系的构建,均获得较好的光催化活性。Liu 等制备了 g-C_3N_4/ZnO 纳米棒阵列,异质结构为 type-Ⅱ型,ZnO 的光吸收范围拓展到了可见光区,ZnO 的光腐蚀得到改善,光催化活性也显著提高。

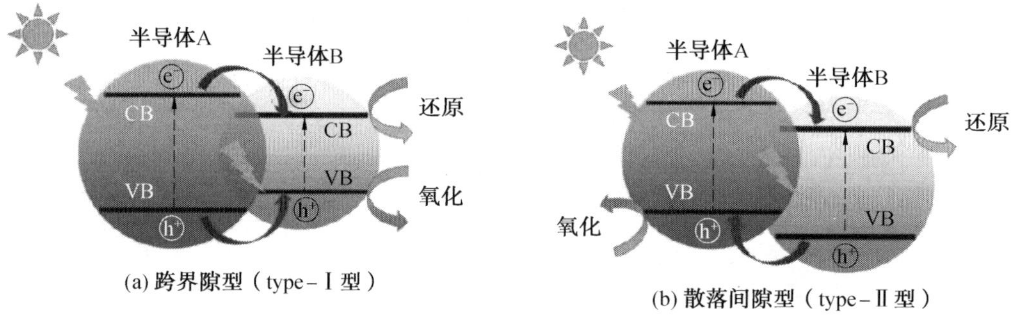

图 1.2 两种传统异质结的载流子传输示意图

(2)Z 型异质结。

在传统异质结的构建中,光催化活性的提高归因于光生载流子的迁移路径和速率发生变化,导致电子和空穴在时空上的分离,是以降低氧化能力和还原能力为代价,延长了光生电子和空穴的寿命,抑制了光生载流子的复合,从而提高光催化活性。为了解决传统异质结存在的问题,人们在研究自然界植物的光合作用机理后受到启发,提出 Z 型异质结光催化机理。1979 年,Allen J. Bard 首次合成了 Z 型异质结光催化剂。Z 型异质结是以传统 type-Ⅱ型异质结为基础,将两种能带结构相匹配的半导体复合,光生电子和空穴通过二者之间接触处存在的相界面介质进行迁移传递和复合,如图 1.3 所示。由于光催化剂 PC-Ⅰ和 PC-Ⅱ费米能级的差异,在内建电场的引导下,PC-Ⅰ的光生空穴向界面处迁移(图 1.3(a)),而 PC-Ⅱ的光生电子也向界面传输,二者会重新复合。相应地,PC-Ⅰ的光生电子被保留在导带上进一步参与还原反应,PC-Ⅱ的光生空穴被保留在价带上进一步参与氧化反应。在此过程中,载流子激发和复合路径表现出类似 Z 形的路线,因此被称为Z型异质结。由此可以看出,构建Z型异质结复合体系提高催化剂的光催化活性主要归因于两个方面:①异质结的构建能够促进电荷分离,提高光生载流子分离效率;②相界面介质对的电荷传递作用使光生电子和空穴分别在更负的导带和更正的价带上富集,光生电子具有更强的氧化和还原能力。两种半导体之间的相界面介质可以是氧化还原离子对(图1.3(a)),如Fe^{3+}/Fe^{2+}、IO^{3-}/I^-、I^{3-}/I^-等;也可以是导电的电子传导介质,如金属Pt、Pd、Ag等以及还原氧化石墨烯(rGO)等,这种异质结又被称为全固态Z型异质结(图1.3(b))。也有学者提出直接Z型异质结的概念(图1.3(c)),即两个半导体直接复合,不需要介质作为载流子传递媒介,二者通过欧姆接触和静电吸引直接完成载流子传输过程。目前,Z型异质结体系的光生电子迁移和转化过程还存在一些争议,也存在着相界面介质不稳定、光生载流子被过量消耗、金属介质具有屏蔽效应、氧化还原介质容易受催化体系pH的影响等诸多问题亟待解决。

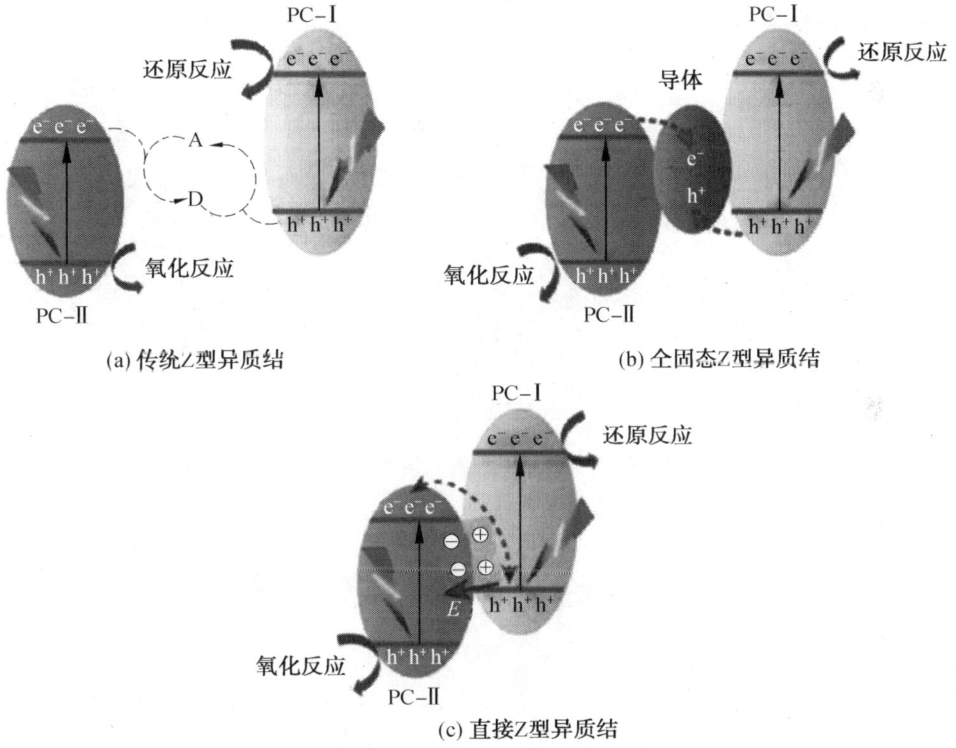

图1.3 不同Z型异质结中光生载流子转移示意图

A—电子受体;D—电子供体;E—电场

(3)S型异质结。

近年来,Yu等又提出了一种新的S型异质结机理,重新描述了复合光催化剂内部可能存在的电荷迁移过程,为半导体复合开辟了新方向。在S型异质结构建中,复合的两种半导体分别是具有更高氧化电势的氧化型半导体(OP)和具有更高还原电势的还原型半导体(RP)。由于二者具有不同的功函数,还原型半导体的费米能级(E_f)要高于氧化型半导体的费米能级,因此会形成一个内建电场,其方向由还原型半导体指向氧化型半导体,在内建电场的驱动下,光生电子会加速从氧化型半导体的导带迁移至还原型半导体的价带,从而与空穴复合。而氧化型半导体价带上的空穴和还原型半导体导带上的电子分别进行氧化反应和还原反应,机理如图 1.4 所示。S 型异质结的构建保留了具有较高还原能力的电子和具有较高氧化能力的空穴,进一步提高了复合体系的光催化活性。Ge 等利用静电纺丝制备 S 型异质结 CdS/TiO_2 纳米纤维复合催化剂,在光照条件下,受 CdS 与 TiO_2 界面处内建电场的驱动,光生电子自 TiO_2 的导带向 CdS 的价带迁移,并与空穴复合,而保留在 TiO_2 价带上的空穴和 CdS 导带上的电子充分发挥较强的氧化和还原能力,进行光催化反应。Xu 等制备的 S 型异质结 $CsPbBr_3$/TiO_2 纳米纤维复合光催化剂的产氢和 CO_2 还原能力也得到很大改善。

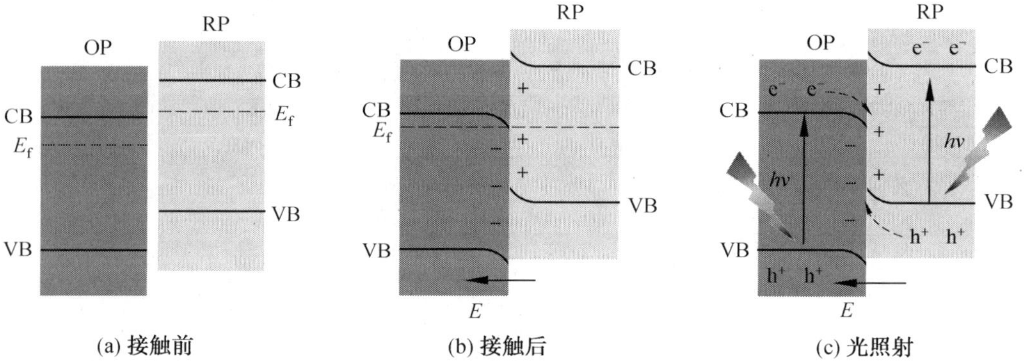

图 1.4　S 型异质结的载流子传输机理

1.4　铁基氧化物催化剂的研究

铁是地球上丰度排名第四的元素(质量分数 5.1%),也是丰度排名第二的金属元素,广泛分布于地球岩石圈、土壤圈、大气圈、水圈和生物圈五大圈层。铁基氧化物在地球环境中非常普遍,Navrotsky 等指出,环境中的几乎所有化学反应过程都有铁基氧化物的参与,而铁基氧化物的物理化学性质和在化学反应过程中的机理也一直是土壤学、环境化学、地质学、生物学等领域的关注焦点。近些年,由于光催化技术的快速发展,开发窄带隙半导体光催化剂的需求日益增加,人们开始了对铁基氧化物作为光催化剂的研究。在光催化领域,铁基氧化物光催化剂一般具有较小的禁带宽度,性能稳定,无毒、廉价,且能够同时利用可见光和紫外光，广泛应用于环境污染物处理和新能源开发等方面，被认为是有较大应用前景的半导体材料。

1.4.1　铁基氧化物的种类及结构

目前已知的铁基氧化物有16种，环境中存在12种。其中，最常见的赤铁矿（$\alpha-Fe_2O_3$）、针铁矿（$\alpha-FeOOH$）和磁铁矿（Fe_3O_4）等，都具有良好的结晶状态，在土壤和沉积物中存在较为广泛。此外还有水铁矿、纤铁矿、磁赤铁矿和绿锈矿等，也是比较常见的铁基氧化物。在土壤中众多不同类型的铁基氧化物之间存在着相互转化，所以具有良好结晶状态的赤铁矿和磁铁矿等铁基氧化物的含量较丰富，其他种类的铁基氧化物多为弱结晶状态，一般为铁基氧化物转化过程中的中间产物。在铁基氧化物的结构中，Fe^{3+}或Fe^{2+}位于其八面体或四面体的中心位置，而O^{2-}或OH^-则围绕着中心以立方或六面紧密堆积，从而形成铁基氧化物的基本结构单元FeO_6、$Fe_3(OH)_3$或FeO_4，铁氧八面体或四面体结构单元通过共角、共边、共面等组合成不同结构的铁（氢）氧化物，而不同的结构决定着晶体中的Fe-Fe间距以及表面基团的类型、数量和表面性质。

1.4.2　$\alpha-Fe_2O_3$的光催化机理

$\alpha-Fe_2O_3$作为常见的窄带隙半导体光催化剂，具有其独特的优点，如禁带宽度为2.2 eV，可以吸收可见光，能够很大程度上利用太阳光，增加了实际应用的可行性；化学稳定性好、热稳定性高和耐酸碱腐蚀的特性使$\alpha-Fe_2O_3$可以重复多次回收利用；成本低廉，绿色环保。因此，$\alpha-Fe_2O_3$受到广泛关注和研究。

与所有半导体光催化剂的光催化机理一样，$\alpha-Fe_2O_3$在受到大于其禁带宽度E_g的光照射（可见光或紫外光）的情况下，价带上的电子会吸收能量跃迁至导带，成为光生电子，价带上则产生相应的光生空穴。光生电子和空穴在迁移至材料表面的过程中，一部分电子和空穴会重新复合，少量剩余的电子和空穴则会与$\alpha-Fe_2O_3$表面存在的O_2、H_2O、OH^-及有机物分子等发生一系列的氧化还原反应。光生电子和空穴的具体催化反应路径如下：

$$\alpha-Fe_2O_3+h\nu \longrightarrow \alpha-Fe_2O_3+e^-+h^+ \tag{1.12}$$

$$e^-+h^+(\text{复合}) \longrightarrow \text{热能或荧光} \tag{1.13}$$

$$h^++OH^- \longrightarrow \cdot OH \tag{1.14}$$

$$h^++H_2O \longrightarrow \cdot OH+H^+ \tag{1.15}$$

$$e^- + O_2 \longrightarrow \cdot O_2^- \tag{1.16}$$

$$H_2O + \cdot O_2^- \longrightarrow \cdot OOH + OH^- \tag{1.17}$$

$$\cdot OOH + \cdot OOH \longrightarrow H_2O_2 + O_2 \tag{1.18}$$

$$\cdot OOH + H_2O + e^- \longrightarrow H_2O_2 + OH^- \tag{1.19}$$

$$e^- + H_2O_2 \longrightarrow \cdot OH + OH^- \tag{1.20}$$

$$H_2O_2 + \cdot O_2^- \longrightarrow \cdot OH + OH^- + O_2 \tag{1.21}$$

$$\cdot O_2^-(\cdot OOH, \cdot OH) + \text{有机物} \longrightarrow H_2O + CO_2 \tag{1.22}$$

如上述反应步骤所示,在光催化反应体系中存在的 H_2O、O_2 和 OH^- 等组分与光生电子和空穴发生一系列氧化还原反应,不但为后续反应提供了具有较强催化能力的活性基团,从而将有机污染物质分解为 CO_2、H_2O 和其他小分子物质,还在一定程度上抑制了光生电子和空穴的复合。该光催化反应机理也为 $\alpha-Fe_2O_3$ 改性技术奠定了理论基础。

1.4.3 $\alpha-Fe_2O_3$ 的制备

目前常见的 $\alpha-Fe_2O_3$ 的制备方法有很多种,如水热法、溶胶-凝胶法、沉淀法、微乳液法、微波法、模板法等,由各种不同的制备方法可以得到不同形貌、尺寸和形状的 $\alpha-Fe_2O_3$ 材料。

(1)水热法。

水热法又称溶剂热法,是指以水或乙醇等有机溶剂作为反应溶剂,将溶液置于密闭容器中,在一定温度加热的条件下,为密闭容器中的反应提供高温高压反应环境的一种合成方法。由于该方法中的合成反应是在高温高压条件下进行的,因此制得材料的物相纯度较高,结晶度好,结构缺陷少,粒径分布均匀。通过调整溶液的 pH、反应物组分的浓度配比、加热温度和反应时间等条件,可以影响晶粒生长过程,从而控制晶粒的大小和形貌,实现材料的可控合成。但是,由于多种反应条件共同影响晶体生长过程,在制备过程中,要想将所有反应条件同时调整为最优状态,需要有一个反复多次进行尝试的漫长过程。当摸索出最佳反应条件后,水热法又具有较高的可重复性。Pu 等利用六水合氯化铁和十六烷基三甲基溴化铵(CBTA)为原料,在 120 ℃的水热条件下成功制备了多种形貌的 $\alpha-Fe_2O_3$ 纳米粒子;Kou 等以氯化铁和尿素为原料,向反应溶液中加入表面活性剂和丁醇,可控地合成了具有棒状和管状结构的 $\alpha-Fe_2O_3$ 纳米颗粒;Nassar 等以 $Fe_2(SO_4)_3$ 和 H_2O_2 为原料,优化了溶液 pH、反应物组分用量、反应时间和温度等参数,在 pH 为 9 的溶液中,160 ℃水热 4 h,制备了纯相 $\alpha-Fe_2O_3$ 纳米粒子,平均粒子尺寸为 21 nm;Tadic 等在 $FeCl_3$

的水溶液中加入尿素和甘氨酸，在180 ℃条件下水热反应12 h，制备了具有菱形六面体结构的 $\alpha-Fe_2O_3$，实验结果还表明尿素和甘氨酸作为表面活性剂的加入，使 $\alpha-Fe_2O_3$ 粒子尺寸减小，且分布更均匀。

(2)溶胶-凝胶法。

溶胶-凝胶法主要是指将金属醇盐在室温条件下溶解在溶剂中，使其发生水解反应形成胶体溶液，将该溶液在一定温度条件下进一步蒸干溶剂形成固体凝胶，再将固体凝胶在高温条件下焙烧，从而完成制备过程。溶胶-凝胶法也是合成 $\alpha-Fe_2O_3$ 最常用的方法之一，具有稳定性好、产物纯度高、反应条件温和、粒径分布均匀等优点，近些年得到广泛的使用。Boumaza 等以乙二醇为溶剂，利用溶胶-凝胶法合成了 $\alpha-Fe_2O_3$ 纳米微晶，并研究了其光催化产氢性能。Mathevula 等利用溶胶-凝胶法合成了具有小粒子尺寸、大比表面积的 $\alpha-Fe_2O_3$ 纳米颗粒，并对其进行了光催化性能测试。Liang 等以纤维素纳米晶体(CNC)为模板，采用溶胶-凝胶法成功合成了具有介孔结构的 $\alpha-Fe_2O_3$，通过比较发现，CNC 调制后得到的 $\alpha-Fe_2O_3$ 光催化降解亚甲蓝的效率有了明显提高。Thomas 等将硝酸铁和氯化铁溶解在乙醇中，再向其中加入环氧丙烷，利用溶胶-凝胶法制备了小粒子尺寸且具有丰富孔隙结构的 $\alpha-Fe_2O_3$ 纳米材料，该样品具有较好的吸附性和较高的光催化活性。

(3)沉淀法。

沉淀法是指先将可溶性铁盐溶于水中，制备成铁盐溶液，再向溶液中加入沉淀剂形成铁的氢氧化物(或羟基氧化铁)沉淀作为 $\alpha-Fe_2O_3$ 的前驱体，再将沉淀物经过干燥或焙烧形成 $\alpha-Fe_2O_3$ 的合成方法。该方法又可以根据使用的铁盐中铁价态的不同分为均匀沉淀和直接沉淀。均匀沉淀主要是指向三价铁盐溶液中加入沉淀剂(如尿素)从而产生羟基氧化铁沉淀物，随后通过高温处理得到 $\alpha-Fe_2O_3$。直接沉淀主要是指向二价铁盐溶液中加入沉淀剂生成 Fe(Ⅱ)沉淀物，再经过进一步氧化形成 Fe(Ⅲ)沉淀物，然后经过干燥、煅烧等热处理得到 $\alpha-Fe_2O_3$。Farahmandjou 等以六水合氯化铁和氨水为原料，采用均匀沉淀法成功制备了 $\alpha-Fe_2O_3$。Paul 等以硝酸铁为原料，通过沉淀法获得前驱体沉淀，并经过进一步焙烧，获得粒径为5～20 nm 均匀分布的 $\alpha-Fe_2O_3$ 纳米颗粒。Sesigur 等以硫酸亚铁、氢氧化钠和双氧水为原料，利用直接沉淀法合成 $\alpha-Fe_2O_3$，反应过程中 Fe(Ⅱ)先形成 $Fe(OH)_2$，随后在双氧水作用下形成 $\alpha-FeOOH$ 前驱物，最后经高温焙烧生成 $\alpha-Fe_2O_3$。

(4)微乳液法。

微乳液法是将含有不同反应物的且互不相溶的两种微乳液混合，在加入表面活性剂或助表面活性剂的条件下，使不同反应物在热力学稳定和各向同性的液体分散体系中充分反应的样品制备方法。表面活性剂的存在能够降低不相溶的两种微乳液的表面张力，促进反应充分进行。因此，微乳液法的主要优点就是可以通过调整表面活性剂的种类、用量以及两种微乳液的油水比例等条件，来控制反应速度和效率，从而控制纳米粒子的尺寸、形貌和均匀性等性质，使样品合成具有更多的可操作性和多样性。Bumajdad 等比较了以 NH_3 和四丁基氢氧化铵（TBAH）为沉淀剂，采用微乳液法合成的不同尺寸的 $\alpha-Fe_2O_3$ 纳米颗粒，结果表明使用 NH_3 所得到的粒子尺寸和比表面积最佳。Liang 等以九水合硝酸铁为原料，利用微乳液法制备了平均粒子尺寸为 3 nm 的超细 $\alpha-Fe_2O_3$ 纳米颗粒。

（5）微波法。

微波法合成纳米材料是近些年发展起来的一种新方法，其实质是利用微波加热的原理为反应物提供合成所需的温度条件。与传统的加热方式不同，微波法具有加热速度快、反应物受热均匀、高效节能等优点，可以大大提高材料合成的效率和合成周期。Marinho 等以 $Fe(NO_3)_3$ 为原料制得前驱物 FeOOH，然后在微波加热的条件下持续 2 min，合成粒子尺寸为 50 nm 的 $\alpha-Fe_2O_3$ 纳米颗粒。Mallesh 等利用微波法，通过优化溶剂用量、反应温度和时间，可控地合成了分散性好、粒子尺寸小的立方体 $\alpha-Fe_2O_3$。Sun 等以六水合氯化铁为铁源，乙醇胺为沉淀剂，乙二醇为溶剂，利用微波辅助水热法制备纳米片组装的分级空心中孔微球（HHMS）$\alpha-Fe_2O_3$ 前驱体，然后经过一定温度焙烧最终合成了 $\alpha-Fe_2O_3$HHMS，并在降解水杨酸的实验中表现出了较好的光催化活性。

（6）模板法。

模板法通常是利用无机化合物和有机高分子聚合物作为模板，在材料合成过程中，以模板的形态结构来控制反应物粒子的聚集形态，从而得到以模板结构为基础的、形貌和尺寸可控的产物粒子和模板的聚集体，最后通过煅烧或酸洗等手段将模板去除，最终得到具有一定形貌和结构且分散均匀的纳米材料，此过程又被称为硬模板法。Bang 等利用碳球作为模板，以五羰基铁作为原料，以十六烷作为溶剂，在超声条件下合成了稳定结构的中空 $\alpha-Fe_2O_3$ 晶体。通过比较发现，在不使用模板的情况下，相同的实验条件合成的 $\alpha-Fe_2O_3$ 晶体为团聚形态，进一步证实了模板法的优势。Tian 等以 $Mg_5(OH)_2(CO)_4 \cdot 4H_2O$（MCH）为模板，制备了 $\alpha-Fe_2O_3$ 管状分级中空结构，该结构具有较大的比表面积（120 m^2/g）和孔容（0.967 cm^3/g），这种具有中空结构的 $\alpha-Fe_2O_3$ 可以用于光催化、吸附和传感器等多个领域。另外，随着模板法的不断发展，以微乳液体系为反应环境的软模板法也得到了广泛应用。Zhang 等在微乳液中利用模板法成功合成了亚微米尺寸的 Fe_3O_4 空心球体。Geng 等在微乳液环境下，利用表面活性剂 P123 表面官能团对不相溶两相中反应物分子的自组装作用，成功合成了 α-FeOOH 纳米棒。

1.4.4 纳米 $\alpha-Fe_2O_3$ 基复合光催化体系研究

$\alpha-Fe_2O_3$ 作为一种性质优良的 n 型半导体材料，具有合适的窄带隙结构、氧化能力较强、无毒环保和价格低廉等优点，在光催化领域一直是人们关注的热门材料。然而，已有的研究表明，$\alpha-Fe_2O_3$ 作为光催化剂在降解水中有机污染物的应用中效果并不理想。主要原因在于其光生载流子的扩散路径较短（2 ~ 4 nm），光生电子和空穴在向催化剂表面迁移的过程中发生复合，量子效率较低，光催化活性受到很大限制。为了进一步提高 $\alpha-Fe_2O_3$ 的光催化性能，人们探索了许多改性方法，主要是以 $\alpha-Fe_2O_3$ 作为基础材料，通过离子掺杂、贵金属沉积和半导体复合等光催化剂改性方法构建复合体系，利用复合体系内部形成的异质结构来改变光生载流子的迁移过程，提高光生载流子的利用效率，从而提高 $\alpha-Fe_2O_3$ 催化剂的光催化性能。常用的复合体系构建方法主要有以下几种。

(1)离子掺杂。

在 $\alpha-Fe_2O_3$ 合成过程中引入合适的金属或非金属离子，使 $\alpha-Fe_2O_3$ 的能带结构中引入杂质能级，进而影响其光电子和空穴的迁移过程，延长光生载流子的寿命。同时，掺杂离子还可以一定程度上影响 $\alpha-Fe_2O_3$ 的结构和形貌，增大比表面积，提高材料自身的光电性能，有利于光生载流子的定向分离，从而提高量子效率。Ling 等制备了 Sn 掺杂的 $\alpha-Fe_2O_3$ 基复合光电极，在可见光照射下，光电流密度为 1.86 mA/cm^2，是未经过离子掺杂的$\alpha-Fe_2O_3$电极电流密度的 1.5 倍。Pradhan 等制备了 N 和 S 掺杂的 $\alpha-Fe_2O_3$ 基复合光催化剂，降解罗丹明 B 的活性测试表明，N 和 S 的掺杂均使 $\alpha-Fe_2O_3$ 的降解率得到提高。Cesar 等采用常压气相沉积法和喷雾热分解法合成了 Si 掺杂的 $\alpha-Fe_2O_3$ 纳米薄膜，研究发现，Si 的引入能够抑制 $\alpha-Fe_2O_3$ 的晶粒生长，使晶体以[110]向择优取向垂直模板生长，并呈现树突结构，减小了光生空穴扩散到电解质界面的距离，从而提高了 $\alpha-Fe_2O_3$ 光解水制氢的光催化活性。

(2)贵金属沉积。

在 $\alpha-Fe_2O_3$ 材料表面沉积贵金属（如 Pt、Ag、Au、Ru、Pd 等），可以通过等离子体共振效应增强其光吸收能力，同时在金属与 $\alpha-Fe_2O_3$ 接触的界面处形成的肖特基势垒能够有效捕获光生电子，影响光生载流子的迁移过程，进而提高 $\alpha-Fe_2O_3$ 的光催化活性。其中最常见的是利用贵金属 Au、Pt 和 Ag 构建 $Au/\alpha-Fe_2O_3$、$Pt/\alpha-Fe_2O_3$ 和 $Ag/\alpha-Fe_2O_3$ 基复合体系。Wang 等利用静电作用在 $\alpha-Fe_2O_3$ 薄膜表面负载沉积了 Au 纳米棒，并将 $Au/\alpha-Fe_2O_3$ 作为复合光电极，在模拟太阳光照射下，光电流密度达到 109 $\mu A/cm^2$。Jang 等通过旋涂煅烧的过程，在 $\alpha-Fe_2O_3$ 表面沉积 Ag，将 $Ag/\alpha-Fe_2O_3$ 作为复合光电极置于模拟太阳光下照射，产生的光电流密度为 58 $\mu A/cm^2$。Hong 等成功制备了表面覆有 $\alpha-Fe_2O_3$ 涂层的 Pt 纳米线，并考察了其光催化性能，结果表明 Pt/$\alpha-Fe_2O_3$ 基复合体系能将苯烯烃高效地分解成小分子的醛或酮，降解率超过 80%，明显高于纯 $\alpha-Fe_2O_3$ 纳米颗粒。

(3)半导体复合。

对 $\alpha-Fe_2O_3$ 进行半导体复合改性是目前最常用的提高 $\alpha-Fe_2O_3$ 光催化性能的手段之一，可以在合成反应过程中，同时利用一种或两种其他半导体材料对 $\alpha-Fe_2O_3$ 进行修饰，构建二元或三元复合体系，同时半导体复合改性还可以结合贵金属沉积方法构建多相多元复合体系，利用多种效应协同提高 $\alpha-Fe_2O_3$ 的光催化性能。目前已有报道的复合体系主要有 $\alpha-Fe_2O_3/Ag/TiO_2$、$\alpha-Fe_2O_3/TiO_2/La_2O_3$、$SrTiO_3/\alpha-Fe_2O_3$ 和 $CdS/\alpha-Fe_2O_3$ 等。除此以外，CdSe、SnO_2、Cu_2O 等半导体与 $\alpha-Fe_2O_3$ 的复合体系构建也均有报道。

Luo 等利用低温水热法合成 $SrTiO_3/\alpha-Fe_2O_3$ 二元复合体系，该复合体系在可见光区激发了更多的光生载流子，可见光催化活性有明显改善。Joly 等成功制备了具有核-壳结构的 $\alpha-Cr_2O_3/\alpha-Fe_2O_3$ 基复合异质结体系，利用飞秒瞬态吸收光谱监测载流子寿命发现，$\alpha-Cr_2O_3/\alpha-Fe_2O_3$ 基复合体系与单一 $\alpha-Fe_2O_3$ 相比较，前者的载流子寿命更长，证明异质结复合体系的构建能显著提高光生电子和空穴的分离效率，进而提高材料的光催化性能。Palanisamy 等利用溶胶-凝胶法制备了介孔混合的 $\alpha-Fe_2O_3/TiO_2$ 复合光催化体系，结果表明复合结构使 TiO_2 的光响应范围拓展到可见光区，并且在太阳光下该复合光催化剂对 4-氯酚的降解率随着 $\alpha-Fe_2O_3$ 含量的变化发生明显改变。Wu 等将宽带隙半导体 ZnO 与 $\alpha-Fe_2O_3$ 基复合，构建了纺锤形核壳结构的 $\alpha-Fe_2O_3$/ZnO 复合体系，通过降解罗丹明 B 的实验发现，该复合体系不仅将光响应范围拓展到可见光区，而且在可见光区和紫外光区的光催化活性均比单一 $\alpha-Fe_2O_3$ 和 ZnO 的活性更高，这主要归因于二者的有效复合改变了能带结构，增加了光生电子和空穴的分离效率和利用率，从而提高了光催化活性。

虽然半导体复合能够很大限度地提高 $\alpha-Fe_2O_3$ 的光催化性能，但是必须要考虑复合半导体与 $\alpha-Fe_2O_3$ 的能级匹配问题，还要选择无毒无害、性质稳定、价格低廉的半导体材料，这些都是在实际应用过程中需要考虑的问题。

1.5 选题意义及主要研究内容

$\alpha-Fe_2O_3$ 作为常见窄带隙半导体材料，能够较好地利用可见光，具有化学稳定性好、热稳定性高和耐酸碱腐蚀等众多特性，成本低廉、无毒环保，是极具应用潜力的可见光催化剂。但是,基于单纯 $\alpha-Fe_2O_3$ 在实际应用过程中还存在的量子效率低和氧化能力弱等局限性,探讨如何通过贵金属沉积、半导体复合等多种改性手段进一步提高其光催化性能是 $\alpha-Fe_2O_3$ 基复合光催化剂开发应用的重点。本书的主要研究内容是以 $\alpha-Fe_2O_3$ 为基础材料,通过简单实用的方法合成多种 $\alpha-Fe_2O_3$ 基复合光催化剂,一方面构建多种具有可见光响应的二元或多元 $\alpha-Fe_2O_3$ 基半导体复合体系,通过复合体系中异质结的形成提高光生载流子的分离效率,促进复合体系在可见光照射下光催化性能的提升;另一方面通过多种表征手段研讨多种异质结形成和影响光生电子空穴迁移转化的机理,并结合对环境激素类物质双酚 A(BPA)的氧化降解实验,优化合成方法和反应条件,研究复合体系对污染物质的降解过程,为该研究的实际化应用提供实验依据。具体工作内容包括以下几个方面。

(1)利用水热法制备 $\alpha-Fe_2O_3/rGO$ 复合光催化剂,在模拟可见光催化的反应条件下,向反应溶液中加入过硫酸盐(PS),构建可见光催化与硫酸盐自由基氧化协同降解污染物的高级催化氧化反应体系。通过多种表征手段揭示光催化过程活化硫酸盐生成硫酸盐自由基与羟基自由基来氧化降解双酚 A 的反应机理,同时探讨光催化氧化与自由基氧化之间的协同作用。

(2)利用水热法和光沉积法制备 $MoS_2/Ag/\alpha-Fe_2O_3$ 基复合光催化剂,构建全固态 Z 型异质结并设计光-芬顿耦合催化体系高效降解水中有机污染物。对制备的 $MoS_2/Ag/\alpha-Fe_2O_3$ 异质结复合体系进行多种表征,以验证其独特的结构和光电化学性质,并通过双酚 A 的光催化降解来评估可见光催化性能,探讨了 Z 型异质结促进电荷分离的光催化反应机理。

(3)通过水热法和原位生长法制备 $\alpha-Fe_2O_3@ZnIn_2S_4$ S 型异质结复合光催化体系,利用多种表征手段对复合体系的结构和光电化学性质进行揭示。以双酚 A 为目标污染物对复合光催化剂进行光催化活性测试,通过研究异质结构对电荷传输和转移的影响,探讨光催化活性提高的反应机理。

(4)在 $\alpha-Fe_2O_3@ZnIn_2S_4$ S 型异质结复合光催化体系基础上,进一步引入 MXene Ti_3C_2 QDs 构建 $\alpha-Fe_2O_3@ZnIn_2S_4/Ti_3C_2$ QDs S 型异质结/肖特基结双异质结体系。对合成后的 $\alpha-Fe_2O_3@ZnIn_2S_4/Ti_3C_2$ QDs 异质结进行综合表征,以验证其独特的结构,并通过双酚 A 的光催化降解来评估可见光驱动能力。探讨 S 型异质结/肖特基结双异质结体系的电荷传输路径和降解机理。

第 2 章　实验材料和方法

2.1　试剂和仪器

本书所使用实验试剂的名称、化学式、规格(纯度)及生产厂家见表 2.1,所有试剂购买后未进行纯化,直接使用。

表 2.1　主要实验试剂

试剂名称	化学式	规格	生产厂家
六水合氯化铁	$FeCl_3 \cdot 6H_2O$	A. R.	天津市科密欧化学试剂有限公司
四水合氯化亚铁	$FeCl_2 \cdot 4H_2O$	A. R.	天津百伦斯生物技术有限公司
三水合乙酸钠	$CH_3COONa \cdot 3H_2O$	A. R.	天津市科密欧化学试剂有限公司
氧化石墨烯(GO)	—	—	深圳市昂星科技有限公司
盐酸	HCl	A. R.	天津市科密欧化学试剂有限公司
无水乙醇	CH_3CH_2OH	A. R.	天津市富宇精细化工有限公司
对苯醌	$C_6H_4O_2$	C. P.	国药集团化学试剂有限公司
EDTA-2Na	$C_{10}H_{14}N_2Na_2O_8$	A. R.	天津市科密欧化学试剂有限公司
过硫酸钠	$Na_2S_2O_8$	A. R.	上海麦克林生化科技股份有限公司
双酚 A	$C_{15}H_{16}O_2$	A. R.	天津市光复精细化工研究所
氢氧化钠	NaOH	A. R.	天津市风船化学试剂科技有限公司
二水合钼酸钠	$H_4MoNa_2O_6$	A. R.	天津市科密欧化学试剂有限公司
硫脲	CH_4N_2S	A. R.	天津市科密欧化学试剂有限公司
九水合硫化钠	$Na_2S \cdot 9H_2O$	A. R.	天津市致远化学试剂有限公司

续表

试剂名称	化学式	规格	生产厂家
四水合硝酸镉	$Cd(NO_3)_2 \cdot 4H_2O$	A. R.	国药集团化学试剂有限公司
硫代乙酰胺	CH_3CSNH_2	A. R.	天津市光复精细化工研究所
四水合三氯化铟	$InCl_3 \cdot 4H_2O$	A. R.	上海麦克林生化科技股份有限公司
硝酸银	$AgNO_3$	A. R.	天津市科密欧化学试剂有限公司
氢氟酸	HF	A. R.	天津市科密欧化学试剂有限公司
二水合乙酸锌	$Zn(CH_3COO)_2 \cdot 2H_2O$	A. R.	天津市双船化学试剂厂
十二水合硫酸铁铵	$(NH_4)_2Fe(SO_4)_2 \cdot 12H_2O$	A. R.	天津市科密欧化学试剂有限公司
甲醇	CH_3OH	A. R.	天津市科密欧化学试剂有限公司

书中样品的制备、表征及光催化性能测试所用的仪器名称、型号及生产厂家见表 2.2。

表 2.2　主要实验仪器

仪器名称	型号	生产厂家
电子分析天平	401012045043	上海天美天平仪器有限公司
集热式恒温加热磁力搅拌器	DF-101S	上海锦赋实验仪器设备有限公司
电热鼓风干燥箱	DHG-9140A	上海一恒科学仪器有限公司
智能数显恒温油水浴锅	HH-WO-5L	巩义市予华仪器有限责任公司
离心机	LD5-2A	北京京立离心机有限公司
超声波清洗仪	KQ-50E	昆山市超声仪器有限公司
酸度计	2018C132-11	赛多利斯科学仪器(北京)有限公司
氙灯光源系统	PLS-SXE300	北京泊菲莱科技有限公司
红外光谱仪	TENSOR-27 型	德国布鲁克公司
X 射线衍射仪	D8 Advance	德国布鲁克公司
扫描电子显微镜	S-4800	日本日立公司

续表

仪器名称	型号	生产厂家
透射电子显微镜	JEOL JEM-2010	日本电子株式会社
紫外-可见漫反射光谱仪	UV-2700	日本岛津公司
X 射线光电子能谱仪	ESCALAB 250Xi	美国赛默飞世尔科技公司
高效液相色谱仪	Agilent 1260	美国安捷伦公司
拉曼光谱仪	LabRam HR800	法国堀场乔平伊冯公司
电化学工作站	IVIUM V13806	荷兰艾维公司

2.2 材料表征及分析

2.2.1 X 射线衍射分析

X 射线衍射(X-ray diffraction,XRD)分析是利用晶体形成的 X 射线衍射,对物质进行内部原子在空间分布状况的结构分析方法。每一种结晶物质,都有其特定的晶体结构,包括点阵类型、晶面间距等参数,用具有足够能量的 X 射线照射试样,试样中的物质受激发,会产生二次荧光 X 射线,晶体的晶面反射遵循布拉格定律。通过测定衍射角位置(峰位)可以进行化合物的定性分析,测定谱线的积分强度(峰强度)可以进行定量分析,而测定谱线强度随角度的变化关系可进行晶粒的大小和形状的检测。本书使用的是德国布鲁克公司的型号为 D8 Advance 型 X 射线衍射仪,测定条件参数:Cu 靶 Kα 射线,电压为 40 kV,电流为 20 mA,扫描范围 2θ 为 10°~80°,扫描速度为 30(°)/ min,扫描步长为 0.02°。

2.2.2 扫描电子显微镜分析

扫描电子显微镜(scanning electron microscope,SEM)分析是一种在微观尺度下观察样品表面基本情况的分析方法。当一束电子在高压电场的作用下加速轰击待测样品表面时,可以激发出反射电子、二次电子、俄歇电子、特征 X 射线、阴极荧光灯等多种能量信号,将这些信息加以收集并显示成像,可达到对物质微观形貌进行表征的目的。另外,为了增加信号强度,提高分辨率,通常情况下在附着于导电胶表面的样品上喷涂一层导电材料,一般为喷金。本书使用的是日本日立公司的 S-4800 型扫描电子显微镜,样品制备过程为将导电胶粘在金属铜材质的薄片上,然后将微量样品用牙签均匀涂抹在导电胶表面,最后在样品表面进行喷金处理。

2.2.3 透射电子显微镜分析

透射电子显微镜(transmission electron microscope, TEM)分析的主要原理是利用高能电子束在真空环境下经聚焦后照射样品,由于样品自身形貌和组成导致表面薄厚不均,因此在样品不同区域电子束产生的立体角散射情况与透过样品所得到的透射电子的数量各不相同。样品上厚度大的地方对电子的散射角大,通过的电子较少,成像亮度较暗;样品上厚度小的地方,成像亮度则较大。通过对投射和散射的电子进行收集、分析和放大成像,即可表征样品的形貌。还可以通过分析电子束被样品衍射后所得到的衍射信息,获取样品晶体的晶格信息和晶体缺陷分布等。本书使用的是日本电子株式会社的 JEOL JEM-2010 型透射电子显微镜测试样品。

2.2.4 傅里叶变换红外光谱分析

傅里叶变换红外光谱(Fourier transform infrared spectrometer, FTIR)分析是利用物质分子振动吸收不同频率的光产生耦合作用所形成的光谱图来分析物质结构的分析方法,是鉴别物质种类和分析物质结构的有效手段。在纳米材料的表面结构分析中,可以通过解析红外光谱图中不同波长条件下吸收峰对应的分子结构,判断样品表面官能团、间隙原子和离子掺杂情况等。本书使用的是德国布鲁克公司的 TENSOR 27 型红外光谱仪,使用 KBr 粉末混合样品压片,波数扫描范围为 4 000 ~ 400 cm^{-1}。

2.2.5 紫外-可见漫反射光谱分析

紫外-可见漫反射光谱(ultraviolet-visible diffuse reflection spectrum, UV-Vis DRS)分析是一种对入射光作用于样品表面后产生的漫反射光进行分析从而获得样品光吸收特性的分析方法。当一束光照射样品表面时,部分入射光会直接在样品表面发生镜面反射,而另一部分则会进入样品内部,在内部晶粒之间发生多次反射、折射、衍射或吸收后重新返回样品表面,这部分反射光为漫反射。由于漫反射时光在样品内部与晶粒之间的相互作用,因此携带了样品的结构和组成信息,同时检测镜面反射和漫反射率可得到漫反射光谱图。在光催化剂的研究中,紫外-可见漫反射光谱分析常用来测定样品在连续波长范围内的光吸收情况,判断催化剂的光吸收性能,并根据结果计算半导体光催化剂的能带间隙。本书使用的是日本岛津公司的 UV-2700 型紫外-可见漫反射光谱仪测试样品,加装固体样品测试模块,测试样品对光的漫反射信息。

2.2.6 氮气吸附-脱附比表面积分析

比表面积分析(BET)通常用来测定样品的内表面积大小和孔隙结构情况。主要是利用样品对氮气进行吸附和脱附实验,在达到吸附饱和情况下,根据吸附前后气体浓度变化来确定被测样品对氮气的吸附量,再利用 BET 方程计算出 1 g 吸附剂吸附的氮气分子数量所对应的样品内表面积,由氮气吸附-脱附等温曲线还可以得到样品的孔隙结构和孔径分布情况。由于光催化剂的粒子尺寸和多孔结构对光催化性能有很大影响,所以样品的 BET 测试已成为重要的样品表征之一。

2.2.7 X 射线光电子能谱分析

X 射线光电子能谱(X-ray photoelectron spectroscopy,XPS)分析是一种重要的表面分析方法。利用 X 射线对样品表面进行照射,入射光线会与样品中的分子或原子发生相互作用,使内层电子或价电子激发出来,形成光电子,该过程可用下式表示:

$$h\nu = E_b + E_k + W_s \tag{2.1}$$

式中 $h\nu$——X 射线光子能量;

E_b——特定轨道上的结合能;

E_k——激发出光电子的动能;

W_s——功函数。

利用能量分析器对光电子动能进行分析,从而得到特定轨道的结合能的强度信息,以此来判断形成化合物的价键结构和元素所处价态等。

2.2.8 拉曼光谱分析

拉曼光谱(Raman spectroscopy)分析是一种利用拉曼散射效应对物质进行结构分析的方法。当一束光照射物质时,入射光会由于物质分子自身具有振动、转动的特性从而发生拉曼散射,通过分析散射光谱可以得到引起拉曼散射的分子结构信息,从而推测和研究分子性质和物质结构。拉曼光谱分析与红外光谱分析虽然同为分子光谱分析方法，都是对分子结构进行表征的手段，但是二者的原理和应用范围并不相同，在多数情况下，拉曼光谱分析是红外光谱分析的有力补充。本书使用的是法国堀场乔平伊冯公司 LabRam HR800 型拉曼光谱仪。

2.2.9　稳态表面光电压谱分析

稳态表面光电压谱（SS-SPS）分析主要用来测试样品表面光生电子和空穴的分离和迁移情况。当样品在光照下产生光生电子和空穴时，光生载流子会在仪器电场作用下定向移动，从而产生光电流信号，一般情况下，光电流信号的强弱和分布情况可以揭示光生载流子的分离和迁移状态。另外，通过测定样品在氮气包覆条件下所产生的光电流信号，还可以分析光催化过程中氧所起到的重要作用。光催化剂材料中的缺陷、杂质能级等影响因素也会引起光电流信号的变化。本书使用的稳态表面光电压谱分析仪器为自组装设备，主要由光源、样品池和信号采集系统组成，如图 2.1 所示。

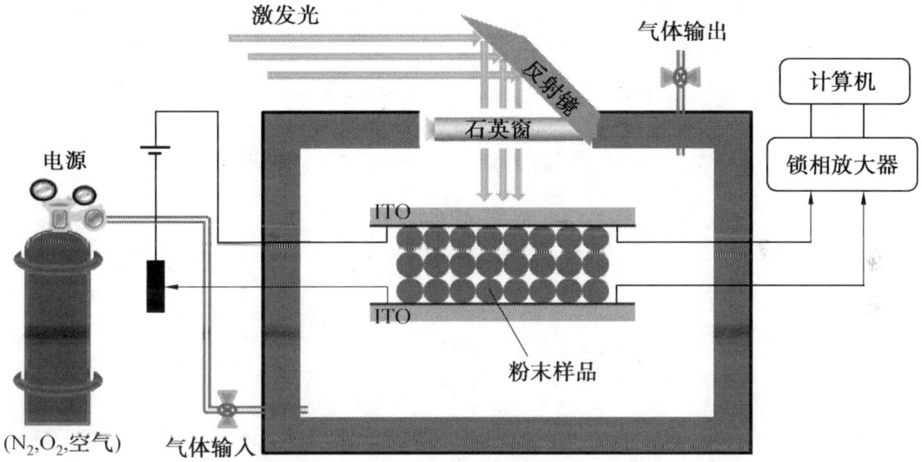

图 2.1　稳态表面光电压谱测试系统示意图

2.2.10　电化学分析

利用电化学分析对样品进行线性伏安曲线（LSV）、莫特-肖特基（Mott-Schottky）曲线等测试，从电化学信息可得出样品的电荷分离和传输情况、电势和活化能力等。具体测试步骤为：第一步，将透明电极（ITO）导电玻璃清洗干净并切割成合适大小的小块。第二步，称取一定质量的样品粉末加入萘酚的乙醇溶液中，超声分散，持续搅拌直至悬浊液呈黏稠状。第三步,将制备好的样品悬浊液涂抹在 ITO 玻璃小块上,置于烘箱中低温烘干,放置于暗处待测。测试时采用三电极体系,将制备好的涂有样品的导电玻璃安装在电极上,放入样品池中。电解液为0.2 mol/L 的 Na_2SO_4 电解液,参比电极为 Ag/AgCl。本书使用的是荷兰艾维公司生产的型号为 IVIUM V13806 的电化学工作站,对电极为铂片。

2.3 复合光催化剂的光催化性能测试

本书以双酚 A 为目标污染物来评价复合光催化体系的光催化活性。催化剂的光催化性能测试实验是利用合成样品在水溶液中对污染物质双酚 A 进行光催化降解,以氙灯作为模拟太阳光源,对反应体系进行一定时间的持续照射。在光照之前,先将反应溶液置于暗处搅拌 30 min,通过进行暗反应来达到催化剂对污染物的吸附平衡,此后,在光照期间每 15 min 取一定体积的水样,经过0.25 μm 滤膜过滤后,利用高效液相色谱进行分析,以测定污染物在光催化反应过程中的浓度变化,最终计算催化剂对污染物的降解率。

第3章　α-Fe_2O_3/rGO/PS 光催化-过硫酸盐耦合体系构建及光催化性能研究

3.1 引　言

双酚A(BPA)是一种典型的内分泌干扰物(EDC),由于其应用广泛且对水生生物具有极强的毒性,研究人员研究了多种手段来去除水环境中的这种污染物,例如物理吸收、生物处理、膜技术、光催化技术、芬顿技术等。其中,半导体光催化技术可以通过太阳能转化产生化学能,是去除BPA最有效的方法之一。α-Fe_2O_3 具有优异的化学和物理性质,带隙较窄(约为2.2 eV),能够很好地吸收可见光,具有可见光驱动的光电化学性能和优异的光化学稳定性,已成为最有前途的半导体光催化材料。氧化石墨烯(GO)被认为是构建复合纳米材料的理想载体,在复合体系中引入GO后,由于化学环境的改变,具有二维层状结构的GO可转化为还原氧化石墨烯(rGO)。在rGO中,sp杂化碳的比例增加,含氧官能团数量减少,可以为催化反应提供更多的活性位点。同时,材料的团聚现象得到明显抑制,增强了复合材料的稳定性。rGO还可以促进光的吸收,增强对污染物分子的吸附。此外,rGO具有优异的导电性,可以促进光催化剂的光生电子分离,提高光催化活性。

基于过硫酸盐(PS)活化的高级氧化工艺也被认为是消除各种难降解污染物的有效方法。光催化和硫酸盐自由基氧化过程的协同作用发生在光催化和PS活化耦合系统中,PS作为电子受体,可以有效抑制光致电子-空穴对的复合,生成的硫酸盐自由基和羟基自由基具有较强的氧化能力,可以很大程度上提高反应体系的光催化活性,同时利用光催化活化PS,具有很高的效率,节省了能量消耗。

综上所述,本章利用一步法制备了 α-Fe_2O_3/rGO 复合光催化剂,在可见光催化反应中引入PS,设计了增强光催化和PS活化的耦合反应体系。通过各种测试手段对 α-Fe_2O_3/rGO 复合材料的结构和性质进行表征,以BPA为目标污染物进行光催化降解实验,评价光催化-PS活化耦合反应体系的光催化性能,并结合电子顺磁共振(EPR)等测试手段,着重揭示了在光催化反应过程中光生电子的迁移转化机理。

3.2 实验部分

3.2.1 α-Fe_2O_3 样品的合成

将2.0 g六水合氯化铁和6.2 g三水合乙酸钠加入20 mL去离子水中,充分搅拌30 min,形成砖红色悬浊液。将获得的砖红色悬浊液转移到内衬特氟龙的不锈钢高压釜中,在180 ℃下保持12 h,然后在空气中冷却至室温。自然冷却后,将产物离心,用去离子水和无水乙醇分别洗涤3次。最后,将产品置于烘箱中在60 ℃下干燥12 h。

3.2.2 α-Fe_2O_3/rGO 样品的合成

将0.025 6 g rGO加入20 mL去离子水中,超声分散10 min,得到浅棕色溶液,将其命名为rGO悬浮液A。随后,将1.092 g六水合氯化铁和3.2 g三水合乙酸钠添加到20 mL去离子水中,充分搅拌30 min,制备混合液B。将混合液B以1 mL/min的速率缓慢滴入rGO悬浮液A中,得到混合溶液C。将获得的40 mL混合溶液C转移到内衬特氟龙的不锈钢高压釜中,在180 ℃下保持12 h,然后在空气中冷却至室温。自然冷却后,将产物离心,用去离子水和无水乙醇分别洗涤3次。最后,将产品置于烘箱中在60 ℃下干燥12 h。同时为了验证rGO添加量对整体实验结果的影响,在六水合氯化铁和三水合乙酸钠投加量不变的情况下改变rGO的添加量,并在相同的条件下制备组分含量不同的对照样品,根据rGO含量不同将所制备的复合样品分别命名为α-Fe_2O_3/2% rGO、α-Fe_2O_3/5% rGO、α-Fe_2O_3/8% rGO和α-Fe_2O_3/10% rGO。

3.2.3 光催化降解双酚A实验

所制备样品的光催化性能测试通过在模拟太阳光条件下降解环境激素类物质双酚A来实现。实验中所用的模拟太阳光光源为150 W/cm的氙灯,加紫外滤光片,保留波长大于420 nm的可见光。以双酚A水溶液作为目标降解溶液,双酚A质量浓度为20 mg/L,溶液体积为100 mL。催化剂用量为30 mg,根据实验要求加入不同量的过硫酸盐。根据实验需要,分别使用0.1 mol/L的H_2SO_4溶液和0.1 mol/L的NaOH溶液调节反应体系的

pH。光催化反应过程中,反应体系处于持续冷却水循环装置中,以避免长时间光照带来的溶液升温而影响催化结果。在光照开始之前,先将反应溶液置于暗处搅拌30 min进行暗反应,从而达到催化剂对污染物的吸附平衡。此后,在光照期间每15 min取一定体积的水样,经过0.25 μm滤膜过滤后,利用高效液相色谱仪进行分析,以测定污染物在光催化反应过程中的浓度变化,最终计算催化剂对污染物的降解率。

3.3 结果与讨论

3.3.1 样品的XRD与拉曼光谱分析

所制备材料中各组分的晶体结构和晶型主要通过XRD分析进行表征。如图3.1(a)所示,纯相rGO的谱图具有一个以2θ=10.7°为中心的峰,对应于9.235 Å(1 Å=0.1 nm)的(002)晶面。α-Fe_2O_3在2θ为24.2°、33.2°、35.8°、40.9°、49.4°、54.0°、57.6°、62.5°和64.1°处具有比较明显的衍射峰,这分别可以对应于赤铁矿相的(012)、(104)、(110)、(113)、(024)、(116)、(018)、(214)和(300)晶面,可检索对应菱面体结构α-Fe_2O_3(JCPDS33-0664)。同时,与纯α-Fe_2O_3相比,不同rGO含量的复合样品呈现出同源的衍射峰,表明rGO的引入并不会改变α-Fe_2O_3的晶体结构。没有观察到明显的rGO的衍射峰,这可能是由于rGO的添加量较少,并不足够使仪器能检测到明显的信号。所有复合样品的衍射峰强度均随着rGO添加量的增加而降低,表明样品中不单纯含有α-Fe_2O_3,从侧面表明了rGO的存在。

通过拉曼光谱进一步验证了rGO和α-Fe_2O_3/rGO的物理性质。在纯rGO的拉曼光谱中可以观察到两个明显的峰(图3.1(b)),D波段的峰位于1 358 cm^{-1},能够对应于rGO中的sp缺陷,G波段的峰是1 592 cm^{-1}处的信号峰,这是观察到的sp,两个信号峰强度比大概为1∶1,这是典型的rGO的拉曼信号。在α-Fe_2O_3/8% rGO光催化剂中,出现了α-Fe_2O_3所对应的拉曼信号峰,位于224 cm^{-1}处的信号对应于A_{1g}对称性;位于290 cm^{-1}、403 cm^{-1}和605 cm^{-1}处的信号能够代表E_g对称性,也表明将rGO引入体系内不会对α-Fe_2O_3的结构产生影响。相对于rGO而言,D带与G带的强度百分比表示rGO的缺陷属性,复合样品中rGO的G带和D带信号强度明显变小,并且rGO的I_G/I_D值发生了变化,表明水热过程中化学环境的变化导致了rGO的属性发生改变,实现了GO向rGO的转变。此外,与纯rGO相比,rGO的D峰和G峰位置发生了些许偏移,这可能是由α-Fe_2O_3和

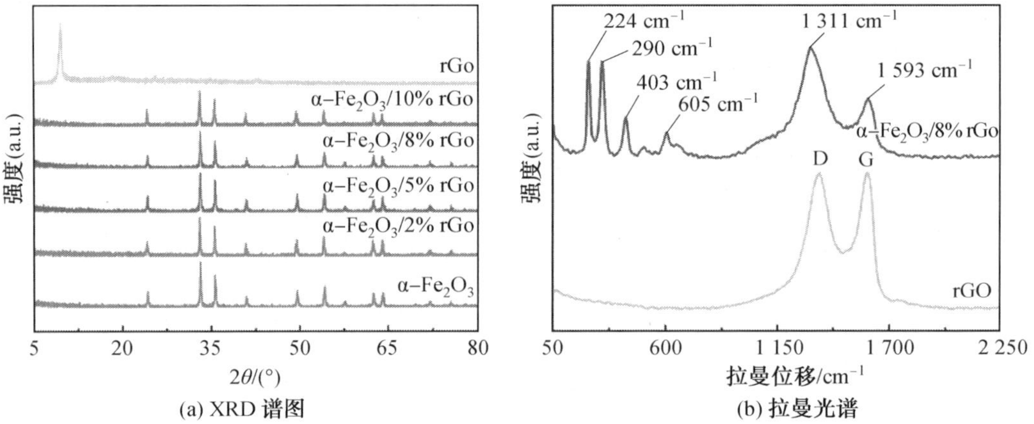

图 3.1 rGO、$\alpha-Fe_2O_3$、$\alpha-Fe_2O_3$/2% rGO、$\alpha-Fe_2O_3$/5% rGO、$\alpha-Fe_2O_3$/8% rGO 和 $\alpha-Fe_2O_3$/10% rGO 的 XRD 谱图以及 rGO 和 $\alpha-Fe_2O_3$/8% rGO 的拉曼光谱

rGO 之间的界面相互作用引起的。

3.3.2 样品的 XPS 分析

X 射线光电子能谱(XPS)用于确定所制备样品的表观元素组成以及化学状态,如图 3.2 所示。XPS 全谱(图 3.2(a))表明复合样品的主要元素包含 C、O 和 Fe 3 种元素。如图 3.2(b)所示,Fe 的 2p 轨道可以拟合到 4 个明显的衍射峰,结合能位于 710.2 eV 和 723.6 eV 的峰分别归属于 $\alpha-Fe_2O_3$ 的 Fe $2p_{3/2}$和 Fe $2p_{1/2}$杂化轨道,表明 Fe 的存在。在结合能为 732.2 eV 和 717.9 eV 的位置拟合出的信号峰,表明 $\alpha-Fe_2O_3$ 中存在 Fe 离子。在图 3.2(c)中,C 1s 光谱拟合出的 3 个峰分别展现了 rGO 的 3 种不同化学态,分别对应 288.7 eV 的 C ═O、286.2 eV 的 C—O 以及位于 284.7 eV 的 C—C,能够表明 rGO 在水热条件下与 $\alpha-Fe_2O_3$ 基复合后成功转化为 rGO。如图 3.2(d)所示,O 1s 的轨道可以拟合出 3 个信号峰,结合能 529.9 eV 处的主峰拟合代表样品表面的晶格氧。结合能位于 533.2 eV和 531.2 eV 的峰分别归因于表面吸附水中的氧和样品表面中羟基物种的氧。XPS 的结果能够表明 $\alpha-Fe_2O_3$ 与 rGO 的成功复合。

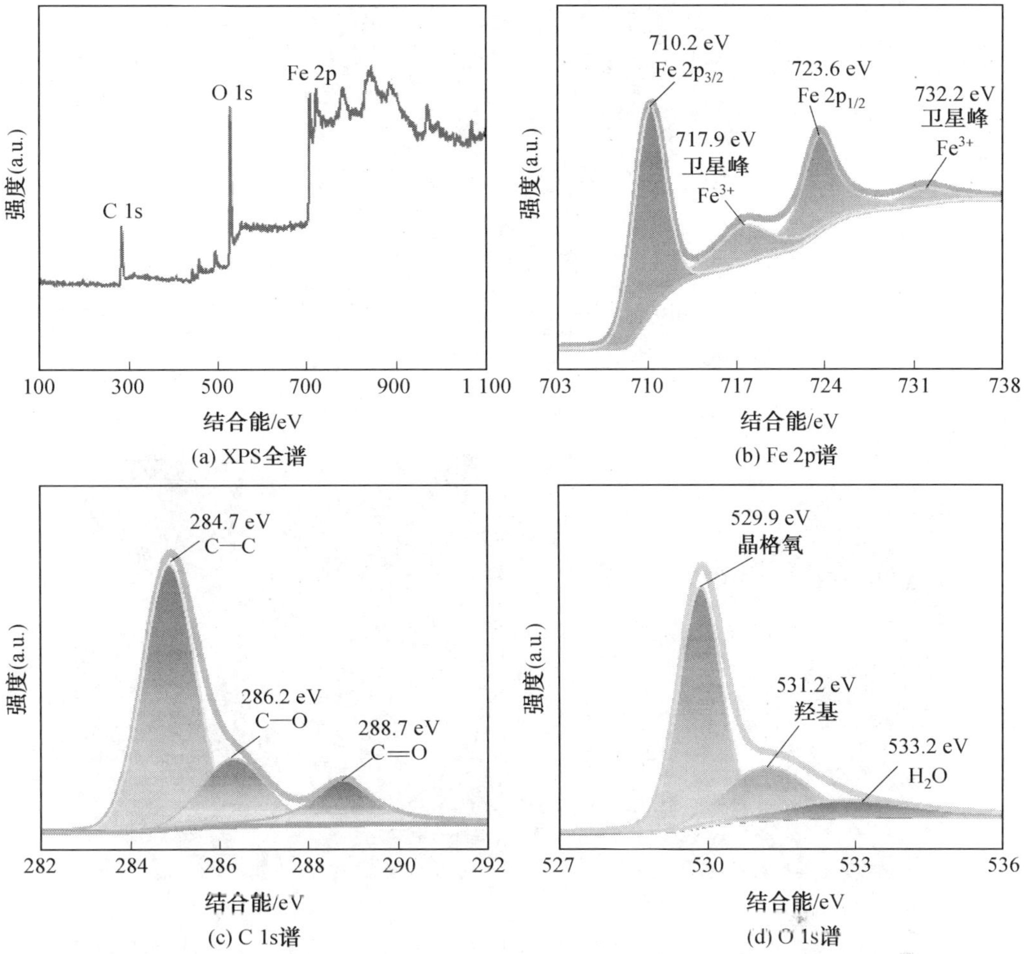

图 3.2　α-Fe_2O_3/8% rGO 的 XPS 全谱以及 Fe 2p、C 1s、O 1s 谱

3.3.3　样品的 SEM 与 TEM 分析

利用简单的水热法所制备的纯 α-Fe_2O_3 的 SEM 图像如图 3.3 所示，从图中能够观察到所制备的 α-Fe_2O_3 为均匀的球状纳米颗粒，颗粒的平均尺寸为 30 ~ 50 nm，粒径均匀，且具有较好的分散性。这种结构也有助于 α-Fe_2O_3 与 rGO 的有效复合。

利用简单的一锅水热法所制备的 α-$Fe_2O_3$8% 与 rGO 的复合光催化剂的 SEM 图像如图 3.4(a) 所示。从图中可以看出，在与 rGO 复合以后，α-Fe_2O_3 颗粒依旧保持着具有较高分散性的纳米颗粒的形貌，能够均匀附着在 rGO 的表面，形成稳定的复合体系。在大范围 SEM 图像视野下可以观察到复合样品中保留着 rGO 的褶皱轮廓，这也表明 rGO 被均匀完整地覆盖。另外，SEM 图像中并没有观察到明显裸露的 rGO 的片状结构，这是因

图 3.3 纯 α-Fe_2O_3 的 SEM 图像

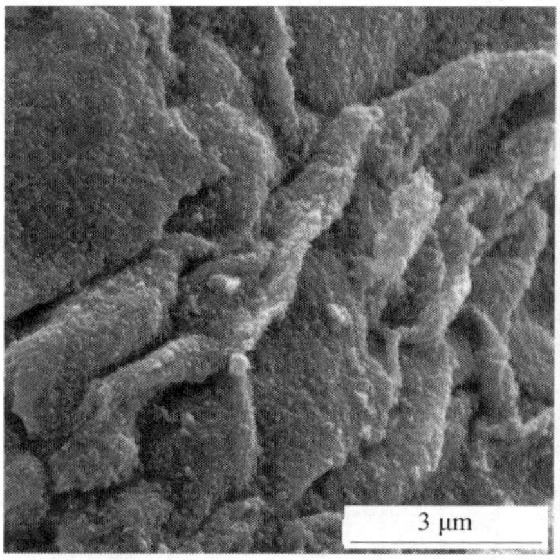

(a) α-Fe_2O_3/8% rGO的SEM图像

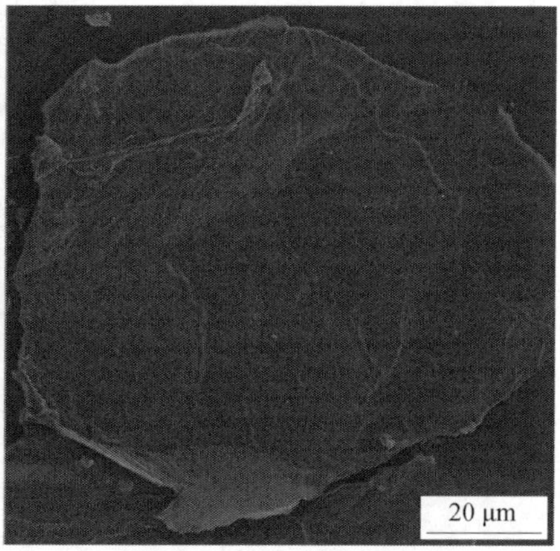

(b) rGO的SEM图像

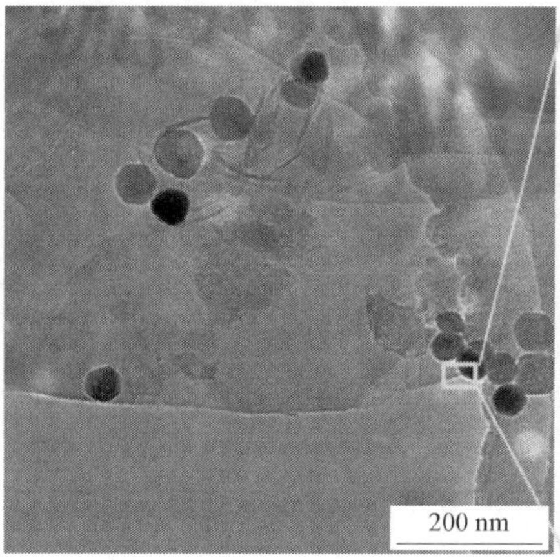

(c) α-Fe_2O_3/8% rGO的TEM图像

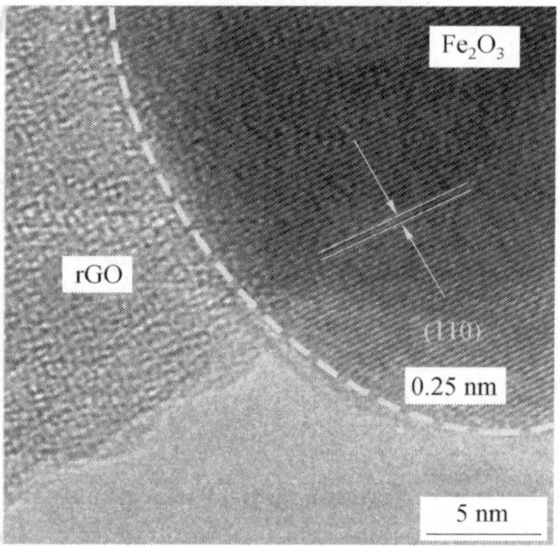

(d) α-Fe_2O_3/8% rGO的HRTEM图像

图 3.4 α-Fe_2O_3/8% rGO、rGO 的 SEM 图像，α-Fe_2O_3/8% rGO 的 TEM 图像和 α-Fe_2O_3/8% rGO 的 HRTEM 图像

为复合样品中 rGO 的添加量较少并且完全被 α-Fe_2O_3 纳米颗粒覆盖。纯 rGO 的形貌如图 3.4(b)所示,能够观察到纯 rGO 具有大尺寸的片层形态,其表面存在较多褶皱结构,合适作为载体来承载其他复合的纳米材料。图 3.4(c)中的 TEM 图像能够清楚地显示出平均粒径为 30 ~ 50 nm 的 α-Fe_2O_3 纳米颗粒分散在 rGO 片上,这进一步直观反映出了 α-Fe_2O_3 与 rGO 在复合体系中的紧密接触状态。而 α-Fe_2O_3/rGO 复合样品微观的晶相结构可以通过高分辨率透射电子显微镜(HRTEM)分析进一步证明,如图 3.4(d)所示,能够观察到 α-Fe_2O_3 纳米颗粒与 rGO 连接紧密,并且具有清晰的边缘,能够分清两种物质,0.25 nm的晶格条纹间距能够对应于 α-Fe_2O_3 晶体的(110)晶面。

通过 N_2 吸附-脱附等温线技术测试和研究了合成的 α-Fe_2O_3 和 α-Fe_2O_3/8% rGO 样品的比表面积。如图 3.5 所示,两个样品得到的曲线均属于 V 型,在 p/p_0 = 0.8 ~ 1.0 的高相对压力阶段观察到滞回曲线,表明样品中存在介孔结构。计算得到了两种样品的比表面积,α-Fe_2O_3/8% rGO 的比表面积为 33.5 m^2/g,高于 α-Fe_2O_3 的 27.0 mg,表明二维片层状 rGO 的引入有效增加了复合样品的比表面积,这也为复合催化剂增加了活性位点,在反应过程中,有利于催化剂对过硫酸盐和污染物的吸附。

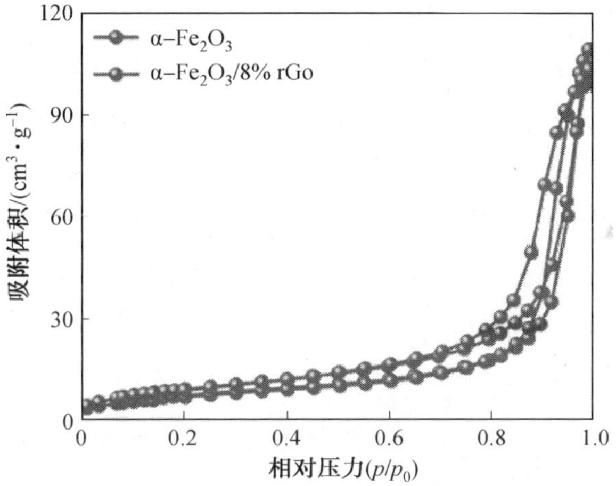

图 3.5　纯 α-Fe_2O_3 和 α-Fe_2O_3/8% rGO 的 N_2 吸附-脱附曲线(彩图见附录)

3.3.4　样品的光催化性能测试

为了评估 PS、α-Fe_2O_3、α-Fe_2O_3/8% rGO 和 α-Fe_2O_3/8% rGO/PS 的光催化活性,利用双酚 A 作为目标污染物在可见光照射下进行了光催化降解实验。在进行光催化反应之前,通过调整实验中的不同变量来确定实验的最优条件。首先,通过改变 rGO 掺入量(质量分数)来确定光催化体系中 rGO 的最佳用量。氧化还原 rGO 掺入量不同的情况下所合成的二元复合样品在模拟太阳光下 3 h 内降解双酚 A 的效率如图 3.6 所示，在 $\alpha-Fe_2O_3$ 比例一定的情况下，rGO 掺入量为 2%、5%、8% 和 10% 的样品的降解率分别达到了 29.6%、38.7%、47.6% 和 43.9%，因此能够确定 rGO 的最佳掺入量为 8%。

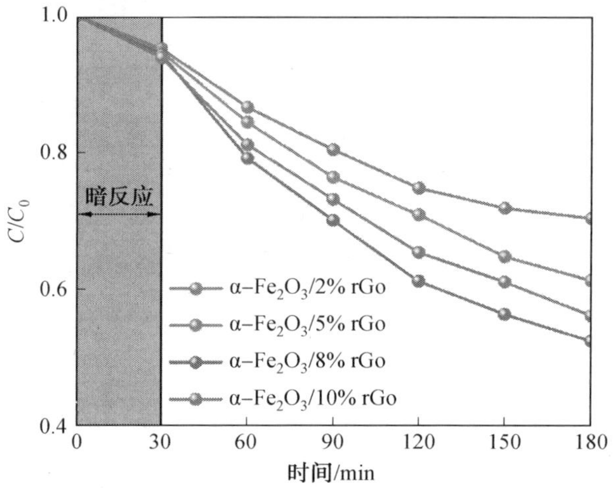

图 3.6 不同 rGO 掺入量的样品对双酚 A 的光催化降解率(彩图见附录)

实验过程的化学环境条件是影响实验整体进行的重要因素之一，所以探索反应体系的 pH 对实验的影响是十分必要的，同时也能验证所制备样品的化学环境的适应能力。为了检测化学环境带来的影响，在过硫酸盐用量为 0.1 mmol 的情况下，在不同的 pH 条件下进行了 $\alpha-Fe_2O_3/8\%$ rGO 对双酚 A 的光催化降解实验。实验结果如图 3.7 所示，当 pH 为 3～9 时，不同的样品均表现出较高的降解率，且降解率差异不大。当 pH 达到 11 时，降解率明显下降，pH 达到 13 后降解率进一步下降，表明在较强的碱性条件下不利于

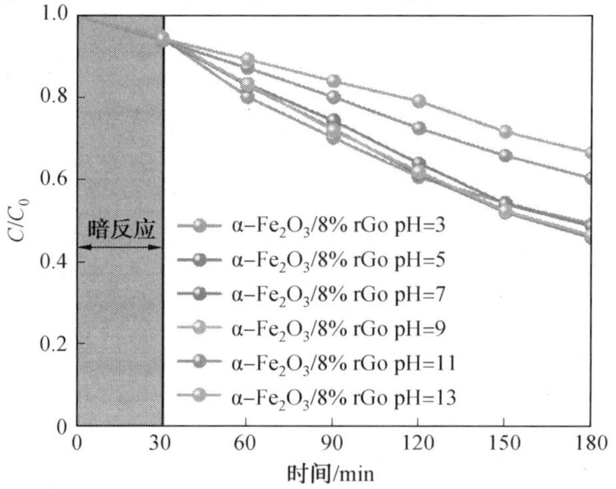

图 3.7 $\alpha-Fe_2O_3/8\%$ rGO/0.1 mmol PS 在 pH=3,5,7,9,11,13 条件下对双酚 A 的光催化降解率(彩图见附录)

反应的发生，这样的结果可能归因于随着 pH 的增加反应中产生的活性基团的氧化还原电势发生变化，不利于反应的进行。而 pH 为 3～9 时表现出的相似且较高的降解率，表明反应体系可以适应较宽的 pH 范围。

为进一步验证上述实验结果，同时确定 PS 的最优用量，以 $\alpha-Fe_2O_3$/8% rGO 样品为基础，在反应体系的 pH 分别为 3、5、7、9 时投加不同量的 PS 进行了降解双酚 A 实验，PS 的投加量分别为 0.1 mmol、0.5 mmol、1.0 mmol、2.0 mmol、5.0 mmol。结果如图3.8所示，在不同的 pH 条件下，随着 PS 投加量的逐渐增加，所制备的样品对于双酚 A 的降解趋势基本相同，均能实现双酚 A 的有效降解。值得注意的是，当 PS 的投加量为 2.0 mmol 时，在不同 pH 条件下，所有反应在 3 h 后均几乎能够完全完成。同时，在 PS 投加量为 5.0 mmol的条件下，反应体系对于双酚 A 的降解同样成功实现，与投加量为 2.0 mmol 时的差别仅仅为反应时间缩短了 30 min，实际应用时意义不大。考虑到成本因素，确定本实验反应体系中，PS 的最佳剂量为 2.0 mmol。

在进行了光降解反应条件的优化后，为进一步验证光催化-高级氧化协同体系具有较好的光催化活性，在相同的最优条件下对所制备的不同组分的样品的双酚 A 降解性能进行了探索，所有反应在中性的条件下进行。本部分内容主要对纯 PS、$\alpha-Fe_2O_3$、$\alpha-Fe_2O_3$/8% rGO 以及 $\alpha-Fe_2O_3$/8% rGO/PS 的催化活性进行对比，所有反应在光照前先进行 30 min 的暗吸附过程，吸附过程结束后进行光催化实验，每隔 30 min 进行一次取样分析，不同样品对双酚 A 的降解结果如图 3.9 所示。

图 3.9(a)的折线图各点可以清楚地显示所制备样品每 30 min 对于双酚 A 的降解率。光催化降解前，先进行了 30 min 的暗吸附实验。结果表明，与纯 $\alpha-Fe_2O_3$ 样品相比，所制备的复合样品对于污染物的吸附率略有提高，这可以归因为复合样品的比表面积更大所导致的吸附性增强。纯 PS 体系在光照射下表现出最低的催化活性，表明单纯的可见光对 PS 的活化程度非常有限，并不能活化 PS 产生足够的活性基团。能够观察到 $\alpha-Fe_2O_3$/8% rGO/PS 表现出最佳的降解能力。同时与纯 $\alpha-Fe_2O_3$ 相比，$\alpha-Fe_2O_3$/8% rGO 的光催化降解活性也显著增强。图 3.9(b)的柱形图可以更直观地体现所制备样品对双酚 A 的最终降解率。$\alpha-Fe_2O_3$/8% rGO/PS 对双酚 A 光催化降解率高达 99.1%，几乎实现了双酚 A 的完全降解。纯 PS 体系、纯 $\alpha-Fe_2O_3$ 以及 $\alpha-Fe_2O_3$/8% rGO 样品对双酚 A 的降解率分别为 6.6%、18.4%和 47.6%，表明 $\alpha-Fe_2O_3$/8% rGO/PS 体系的降解活性相较于纯 $\alpha-Fe_2O_3$ 来说提高了 5.4 倍。

为了进一步探讨所设计的反应体系的光催化降解率，对不同催化体系光降解双酚 A 的反应动力学进行了探索，并且计算出每个反应体系的表现反应速率常数（k）值进行比

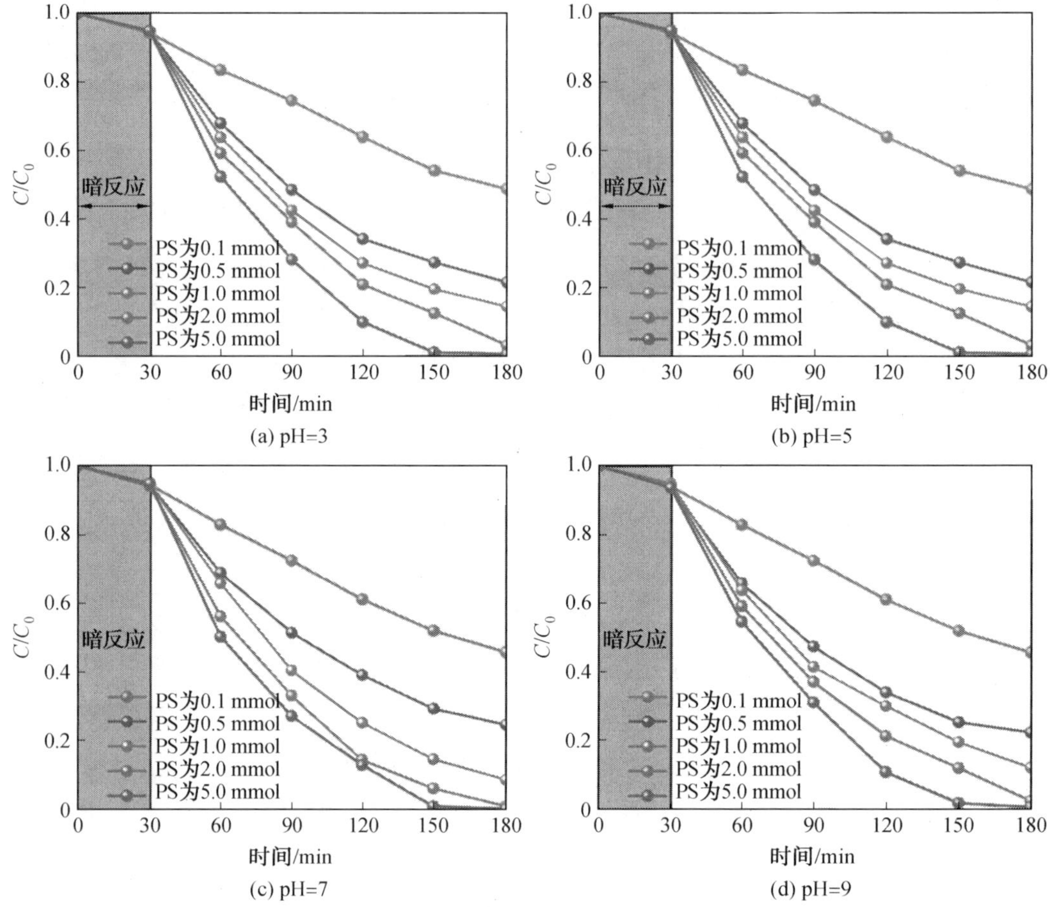

图 3.8　α-Fe_2O_3/8% rGO 在不同 PS 投加量的情况下在 pH=3,5,7,9 时对双酚 A 的光催化降解率（彩图见附录）

较，结果如图 3.9(c)所示。纯 PS 体系、纯 α-Fe_2O_3 体系、α-Fe_2O_3/8% rGO 体系和 α-Fe_2O_3/8% rGO/PS 体系的 k 值分别为 0.000 5 min^{-1}、0.001 3 min^{-1}、0.003 5 min^{-1} 和 0.029 6 min^{-1}。与其他 3 种反应体系相比，α-Fe_2O_3/8% rGO/PS 的 k 值最高，约为纯 α-Fe_2O_3 体系的 23 倍。这些结果表明，α-Fe_2O_3/8% rGO/PS 具有最佳的降解性能，这可能是由于对可见光具有优秀的吸收强度和光催化耦合活化过硫酸盐反应产生了大量的活性物种(如 ·SO_4^-和 ·OH)。此外，rGO 的引入对反应体系产生正向影响，促进了光生载流子的分离，加快了载流子的转移，作为光生电子的转移通道也提高了 PS 的活化效率，从而提高了光催化降解率。α-Fe_2O_3/8% rGO/PS 体系的降解稳定性是通过在相同的条件下重复 4 次光催化降解实验来实现的。如图 3.9(d)所示，一个样品经过 4 次相同光降解双酚 A 实验后，样品展现的光催化降解率只是发生了细微的变化，4 次降解实验过后所制备的样品同样展现出超过 90% 的降解率，表明制备样品的光催化性能稳定且可以重复

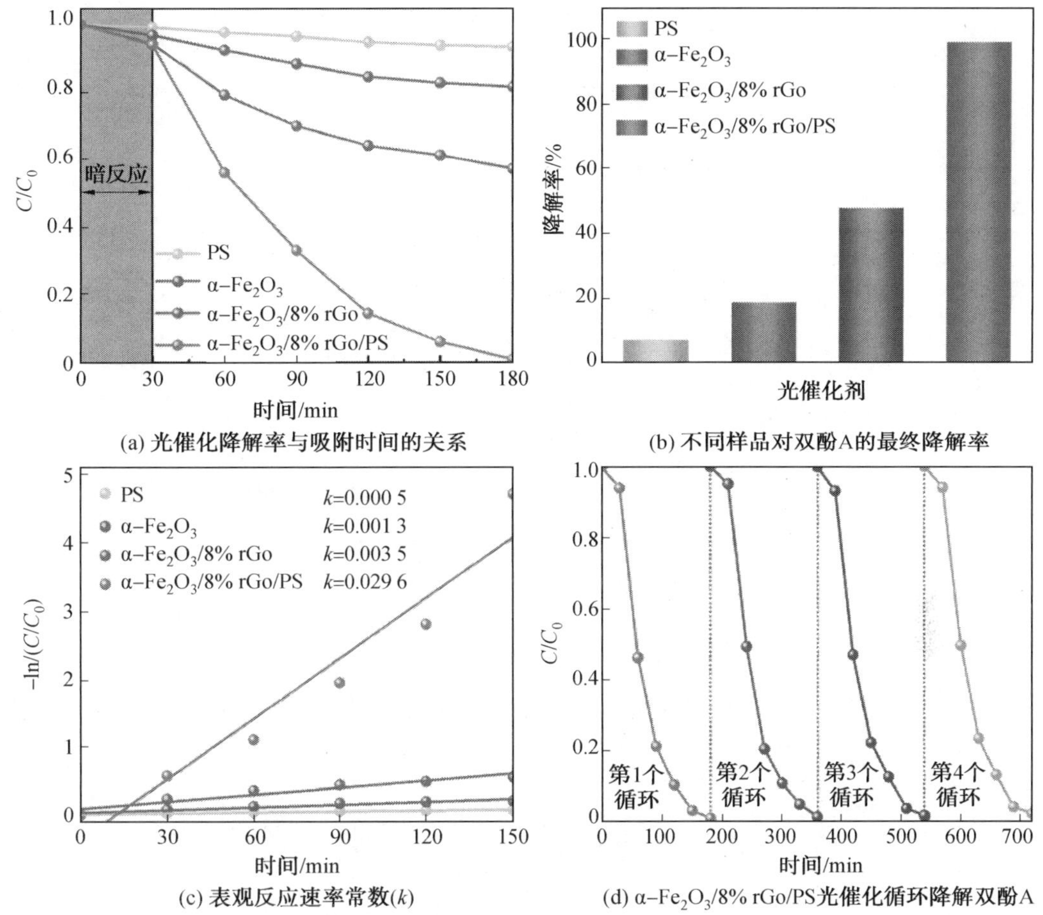

图 3.9　不同样品对双酚 A 的降解结果(彩图见附录)

利用。

此外,经过 4 个循环的降解实验后,对回收的样品进行了 XRD 和 XPS 测试,以验证所制备样品的物理及化学性质是否发生了变化。如图 3.10(a)所示,降解反应前后样品的 XRD 谱图并没有变化,得到的衍射峰依旧能够一一对应,说明反应过程中样品的晶体结构并没有被影响。如图 3.10(b)所示,通过原始的和经过循环实验后回收的样品的 XPS 全谱图能够观察到所有主要元素得到了很好的保存,表明样品具有良好的稳定性。

Fe 元素作为反应体系中的主要元素,其反应前后的变化对于反应的机理是很重要的,光催化降解循环前后样品的 Fe 2p XPS 谱图如图 3.11 所示。降解 4 次循环后的谱图与原始光催化剂的 Fe 2p 谱图相比,Fe^{2+}和 Fe^{3+}的特征峰仍然存在,但峰面积存在些许改变,表明在反应过程中样品中的 Fe^{2+}和 Fe^{3+}的含量发生了变化。这种变化印证了在光生电子的作用下,反应过程中形成了 Fe^{2+}和 Fe^{3+}的循环,对于样品的稳定性并不会产生影响。

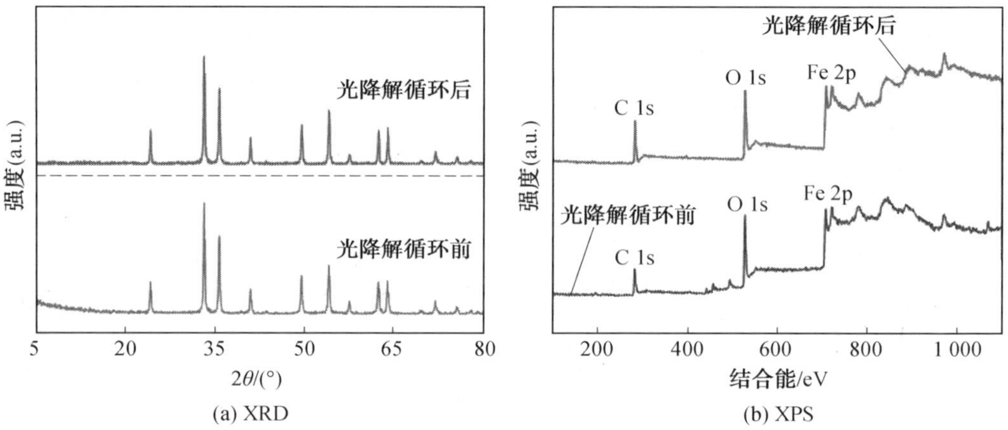

图 3.10 α-Fe_2O_3/8% rGO/PS 4 次光催化降解 BPA 循环前后的 XRD 和 XPS 全谱图

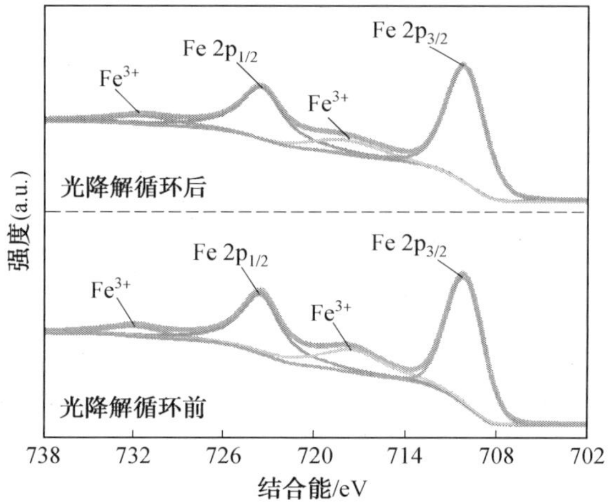

图 3.11 α-Fe_2O_3/8% rGO/PS 4 次循环光催化降解 BPA 循环前后 Fe 2p 的 XPS 谱图

3.3.5 光催化反应机理

对于光催化技术来说,材料的光学性质是影响其效率的关键因素,尤其是材料的光吸收特性,所制备的样品的光吸收特性由紫外-可见漫反射光谱(UV-Vis DRS)确定。如图 3.12(a)所示,虽然所制备的不同样品的光吸收特性曲线不同,但是均在可见光区有明显的响应信号。纯 rGO 从紫外光区到红外光区都表现出很强的吸光性能。观察纯 α-Fe_2O_3 光吸收曲线,其吸收边缘位置位于 630 nm 附近,表明 α-Fe_2O_3 可以吸收和利用可见光。添加 rGO 作为载体后，样品的表观颜色从鲜红色（纯 α-Fe_2O_3）变为黑色或深红色（α-Fe_2O_3/8% rGO），样品的颜色往往与其光吸收能力有很大的关系。可以清楚地观察到，α-Fe_2O_3/8% rGO 的光吸收强度有明显的增强，其光响应区域从可见光区延伸到红外光区，这与复合 rGO 有很大的关系。α-Fe_2O_3/8% rGO 的光吸收强度仅略低于纯 rGO。此外，在图 3.12(b)中，通过转换库伯卡-曼克（Kubelka-Munk）函数与光子能量的关系图确定纯 α-Fe_2O_3 的带隙为 2.18 eV。为了确定 α-Fe_2O_3 的能带结构，进行了价带 X 射线光电子能谱（VB-XPS）测试。结果如图 3.12(c)所示，根据马利肯（Mulliken）电负性理论，α-Fe_2O_3 的价带边缘(VB)可以根据经验计算为 2.37 eV(vs NHE)。结合计算的 α-Fe_2O_3的带隙，可以推断 α-Fe_2O_3 的导带边缘(CB)位于 0.19 eV，从而得到了 α-Fe_2O_3 光激发后的能带结构。

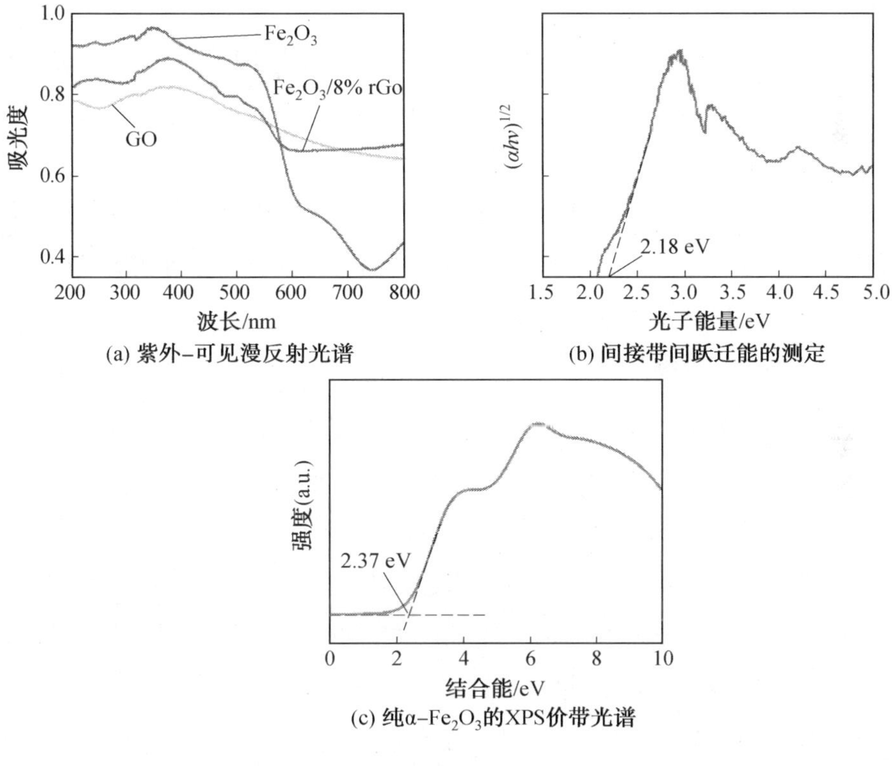

图 3.12　紫外-可见漫反射光谱、间接带间跃迁能的测定和纯 α-Fe_2O_3 的 XPS 价带光谱

此外，还进行了稳态光致发光光谱（稳态 PL 光谱）的测试，以验证所制备样品的光生电子和空穴的分离和传输效率。如图 3.13 所示，α-Fe_2O_3/8% rGO 的稳态 PL 光谱强度明显低于纯 α-Fe_2O_3。这证明了对于 α-Fe_2O_3 的光生电子和空穴的分离效率来说，α-Fe_2O_3/8% rGO 在反应过程中高于 α-Fe_2O_3。这样的结果可以归因于 rGO 的强导电性，能够导致 α-Fe_2O_3 的光生电子实现向其转移，从而促进其光生载流子的分离。

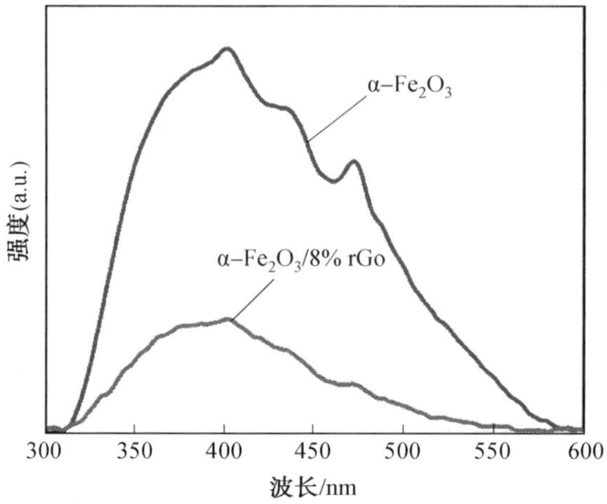

图 3.13 α-Fe_2O_3 和 α-Fe_2O_3/8% rGO 的稳态 PL 光谱

反应过程中产生的·OH、·O_2^-、h^+、·SO_4^- 等反应性活性基团能够大量且有效地产出是有效降解有机污染物的根本原因。由于其氧化还原电势能够实现污染物的有效去除，所以探索反应过程中产出的活性物质种类是必要的。所设计的最终体系光催化降解双酚A的过程中产生的活性基团种类通过在反应过程中加入自由基猝灭剂的方法来进行确定。在相同的条件下利用 α-Fe_2O_3/8% rGO/PS 对双酚A进行降解实验，在反应过程中分别加入苯醌(BQ)、EDTA-2Na 和乙醇(EtOH)作为自由基猝灭剂分别用于猝灭·O_2^-、h^+、·OH 和·SO_4^-，猝灭剂的加入能够有效地对对应的自由基进行猝灭，从而通过观察最终的降解效果来确定目标自由基对反应的影响。结果如图 3.14 所示，加入 EDTA-2Na 后，α-Fe_2O_3/8% rGO/PS 对双酚A的降解率降低了 30.4%，说明 h^+ 对 α-Fe_2O_3/8% rGO/PS 降解双酚A的反应存在一定的影响，但并不占据主要地位。此外，添加苯醌对降解率的影响很小，这意味着由于·O_2^- 的生成量相对较少，对光催化活性不起主要作用。值得注意的是，向反应体系中加入乙醇后，α-Fe_2O_3/8% rGO/PS 对双酚A的降解率明显下降，而乙醇主要能够对·OH 和·SO_4^- 进行猝灭。这一结果表明，·OH 和·SO_4^- 是光催化过程中产生的具有主导地位的活性基团，综合 3 次自由基猝灭实验的结果，反应过程中产生的活性基团的主次顺序为·OH>·SO_4^->h^+>·O_2^-。

为了进一步验证光催化降解双酚A反应过程中产生的活性基团种类，通过电子自旋共振(ESR)光谱对 α-Fe_2O_3/PS 和 α-Fe_2O_3/8% rGO/PS 两种反应体系进行了检测。如图 3.15 所示，在光照条件下，α-Fe_2O_3/PS 的 ESR 信号出现 8 个明显的响应峰，分别对应于·OH 和·SO_4^- 的响应信号。这说明 α-Fe_2O_3/PS 体系在光照条件的驱动下，α-Fe_2O_3 实现了光生载流子的分离过程，PS 捕获了光生载流子分离产生的光生电子从而被成功活

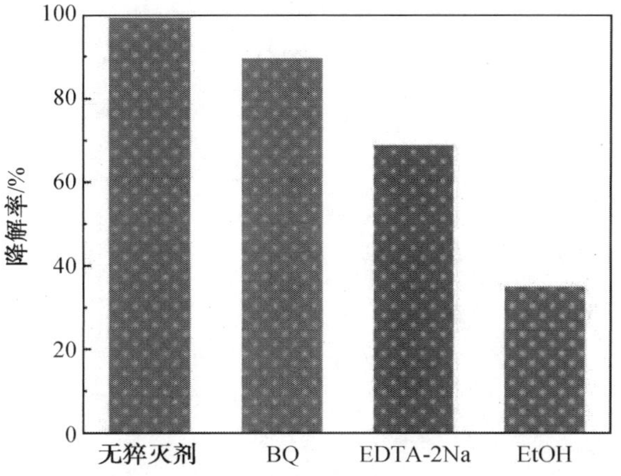

图 3.14　添加不同猝灭剂(BQ 和 EDTA-2Na 和 EtOH)时,α-Fe_2O_3/8% rGO/PS 对双酚 A 光催化降解的影响

化,进而产生了一定数量的 · OH 和 · SO_4^-。在图 3.15 中,α-Fe_2O_3/8% rGO/PS 体系产生的 ESR 信号与 α-Fe_2O_3/PS 体系产生的信号明显不同,呈现出 7 个明显的响应峰,其响应强度更高。并且能够注意到产生的 7 个主峰的光谱能够对应于 DMPO-X(DMPO 为自由基捕捉剂,DMPO-X 表示 3 个大峰和 4 个小峰信号,5,5-dimethyl-2-oxo-pyrroline-1-oxyl)加合物[超精细分裂常数:AN=0.72 mT,AH(2H)=0.42 mT]。由于灵敏度低、寿命短,DMPO-SO_4 加合物很难被发现,因此,DMPO-X 信号可能来源于 DMPO- · SO_4^- 加合物。因此可以推断生成的 X 基团可与 DMPO 反应过程中生成的高浓度的 · OH 和 · SO_4^- 进行反应,从而仪器能够捕获到非常规的信号 DMPO-X。以上结果表明,α-Fe_2O_3/8% rGO/PS 体系在反应过程中有效地活化了 PS,并产生了大量的 · OH 和 · SO_4^-。这样的结果也能够与自由基猝灭实验的结果形成呼应,确定了反应过程中的主要活性基团。

基于上述结果和讨论,α-Fe_2O_3/8% rGO/PS 的电荷分离和光催化耦合过硫酸盐活化降解有机污染物的机理如图 3.16 所示。光催化耦合 PS 活化反应产生的协同效应发生在反应体系中,不仅促进了光生载流子的分离,而且降低了 PS 活化所需的能量消耗。在光催化体系中,α-Fe_2O_3 的光生电子在可见光的激发下从价带分离到导带,进而形成光生载流子对。同时,产生的光生电子由于 rGO 良好的导电性能够实现迅速向 rGO 转移,从而抑制了 α-Fe_2O_3 光生电子的复合,从而使光生空穴得到了保留,目标污染物的降解过程是通过 α-Fe_2O_3 光生空穴的强氧化性实现的。将 PS 引入体系后,PS 在光驱条件下被部分活化产生少量的羟基自由基和硫酸根自由基。同时,PS 和 rGO 分别作为电子受体和电荷转移通道将光生电子快速转移到 PS 上,进一步提高光生载流子的分离效率,光生电子被 PS 快速捕获,导致 PS 进一步活化,生成硫酸根自由基和羟基自由基等活性物质,从而

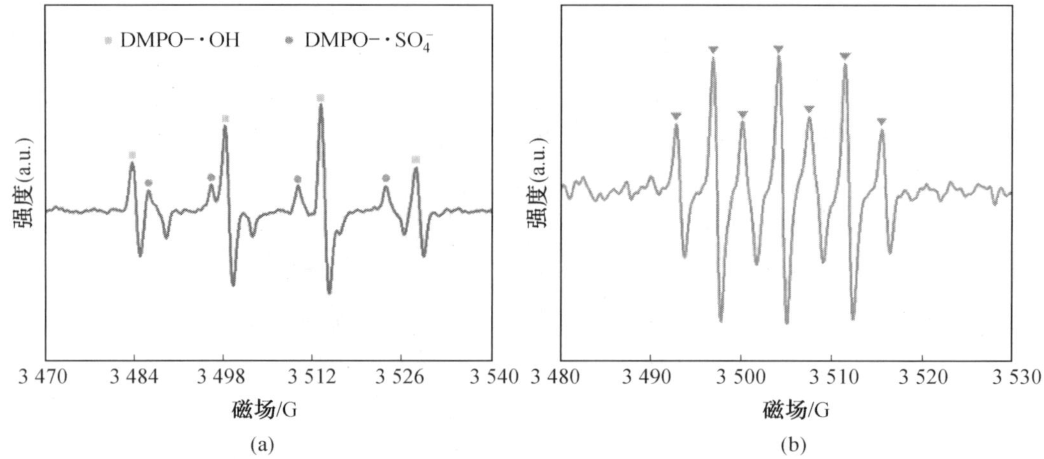

图 3.15 α-Fe_2O_3/PS 的·OH 以及·SO_4^- 和 α-Fe_2O_3/8% rGO/PS 的 DMPO-X 的 ESR 光谱

显著提高污染物的降解活性。另外值得注意的是,α-Fe_2O_3 中的三价金属位点在可见光的驱动下可以还原为 Fe^{2+},从而形成 Fe^{2+} 与 Fe^{3+}的循环,进一步促进 PS 的活化。

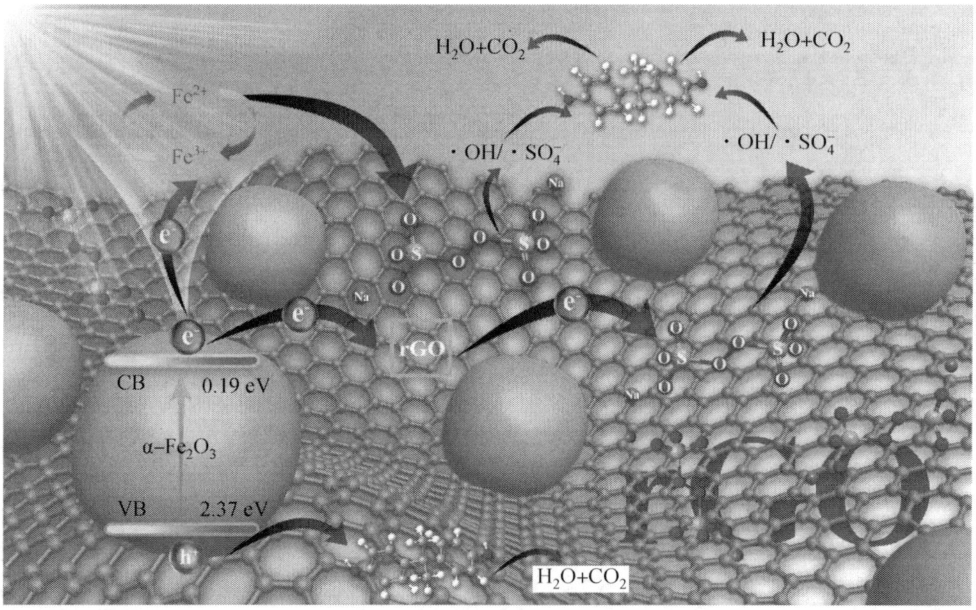

图 3.16 α-Fe_2O_3/8% rGO/PS 材料的电荷分离和光催化耦合过硫酸盐活化降解有机污染物的机理

反应的具体过程如下:

$$\text{光催化剂}+h\nu \longrightarrow h^++e^- \quad (3.1)$$

$$S_2O_8^{2-}+e^- \longrightarrow \cdot SO_4^-+SO_4^{2-} \quad (3.2)$$

$$h^++H_2O \longrightarrow \cdot OH+OH^- \quad (3.3)$$

$$O_2 + e^- \longrightarrow \cdot O_2^- \tag{3.4}$$

$$Fe(Ⅲ)OH^{2+} + h\nu \longrightarrow Fe(Ⅱ) + \cdot OH \tag{3.5}$$

$$Fe(Ⅱ) + S_2O_8^{2-} \longrightarrow Fe(Ⅲ) + \cdot SO_4^- + SO_4^{2-} \tag{3.6}$$

$$Fe(Ⅱ) + O_2 \longrightarrow Fe(Ⅲ) + \cdot O_2^- \tag{3.7}$$

$$S_2O_8 + \cdot O_2^- \longrightarrow \cdot SO_4^- + O_2 + SO_4^{2-} \tag{3.8}$$

3.4　本章小结

首先,通过水热法合成了 α-Fe_2O_3 纳米颗粒,粒径为 30～50 nm,并且进一步通过一锅水热法成功制备了 α-Fe_2O_3/rGO 复合材料。在合成反应过程中,GO 转化成 rGO,α-Fe_2O_3 均匀分布在 rGO 上,通过光催化活性判断,当 rGO 在复合体系中质量占比为 8% 时,复合样品的光催化活性最佳。通过一系列表征手段对所制备的 α-Fe_2O_3/8% rGO 复合样品进行测试,得到了其基本的物理与化学性质,证明两种组分成功复合,rGO 的加入增大了材料的比表面积,提高了材料的光吸收性能,并且促进了材料的光生电子分离。设计并验证了 α-Fe_2O_3/8% rGO/PS 催化体系,并将难降解的有机污染物双酚 A 作为目标污染物验证光催化活性,结果表明最终催化体系成功实现双酚 A 的有效快速降解,3 h 的反应过后双酚 A 的降解率达到 99.1%。4 次循环降解实验后所设计的催化体系的降解率仍能达到 90% 以上,并对反应前后的材料进行对比表征,结果证明所制备的材料具有良好的循环稳定性。最后,提出了 α-Fe_2O_3/8% rGO/PS 的光催化反应机理,rGO 和过硫酸盐的引入有效抑制了 α-Fe_2O_3 光生载流子的重组,成功构建光催化-过硫酸盐活化耦合体系并产生协同效应,产生的大量的 · OH 和 · SO_4^- 是降解双酚 A 的关键,提供了有效的新型光催化体系的构建策略。

第4章　$MoS_2/Ag/\alpha-Fe_2O_3$ 全固态Z型异质结体系构建及光-芬顿催化性能研究

4.1　引　言

第3章中以 $\alpha-Fe_2O_3$ 为基础实现了光催化-过硫酸盐活化耦合体系的构建并展现出了优越的催化活性，在许多高级氧化技术中，过硫酸盐活化技术能够与光催化技术产生协同效应，还可以通过 $\alpha-Fe_2O_3$ 构建光催化与其他高级氧化技术耦合的体系。非均相芬顿（Fenton）反应是另一种典型的高级氧化技术，由于其在广泛的 pH 范围内具有高去除效率、成本效益并且易于操作，因此广泛应用。在已知的氧化铁晶体中，$\alpha-Fe_2O_3$ 已被广泛报道为多相芬顿反应中的光催化剂。$\alpha-Fe_2O_3$ 常与其他半导体材料结合以提高光催化性能。构建异质结光-芬顿耦合体系被认为是提高光催化性能的有效策略，因为引入的其他半导体可以作为电子受体来改善电荷分离和延长电荷载流子寿命。此外，该体系中的半导体材料可以将光激发产生的光生电子转移到 $\alpha-Fe_2O_3$ 中的 Fe 上，从而实现了 Fe^{3+} 和 Fe^{2+} 循环的产生，此外合适的能带、能级能够在反应过程中实现 H_2O_2 的产生进而实现芬顿反应的发生，从而提高体系中 ·OH 的浓度，提高光催化性能。选择合适的材料与 $\alpha-Fe_2O_3$ 基复合构建有效异质结十分关键。过渡金属硫化物常被用作光催化剂或助催化剂的负载载体，如 MoS_2、WS_2 等。其中，MoS_2 是一种具有三明治结构的二维层状材料。MoS_2 由于窄带隙、合适的带边位置和黑色外观，可以增强可见光和近红外（NIR）光的光捕获，种种优点表明其与 $\alpha-Fe_2O_3$ 进行复合是合适的。此外，Ag 作为贵金属家族中成本最低的存在，由于其具有优秀的导电性能够有效地传输电子，所以常被用作构建Z型异质结的中间电子介质，与能带结构合适的半导体进行复合，实现全固态Z型异质结的构建，从而提升光催化过程中光生载流子的分离效率。

本章通过水热法和光沉积的方法成功合成了 $MoS_2/Ag/\alpha-Fe_2O_3$ 基复合材料，实现了全固态Z型异质结构建并且设计了光-芬顿耦合催化体系。再对合成后的 $MoS_2/Ag/\alpha-$

Fe_2O_3 异质结进行综合表征，以验证其独特的结构，并通过双酚 A(BPA)的光催化降解来评估可见光驱动能力。此外，还提出了可见光驱动的全固态 Z 型异质结光-芬顿耦合体系的降解机理。

4.2　实验部分

4.2.1　$\alpha-Fe_2O_3$ 样品的合成

在剧烈磁力搅拌下，将 0.273 g 的六水合氯化铁均匀分散在 10.0 mL 乙醇和少量 0.7 mL去离子水(DI 水)的混合溶液中。剧烈搅拌半小时形成均匀的溶液后，将 0.8 g 乙酸钠添加到剧烈搅拌的溶液中。随后将上述溶液倒入一个 20 mL 内衬特氟龙的不锈钢高压釜中，加热至 180 ℃保持 12 h。自然冷却后将得到的砖红色沉淀物离心并用去离子水和无水乙醇分别洗涤 3 次，然后将样品转移到烘箱中在 80 ℃下干燥过夜，最终得到 $\alpha-Fe_2O_3$ 六边形纳米片。

4.2.2　$Ag/\alpha-Fe_2O_3$ 样品的合成

通过简单的光沉积工艺将 Ag 纳米颗粒沉积在 α Fe_2O_3 六边形纳米片上。通常，向 200 mL 去离子水中加入 0.3 g $\alpha-Fe_2O_3$ 搅拌 30 min 后，将 1 mL $AgNO_3$ 水溶液(0.01 mol/L)加入悬浮液中，然后将所得混合物用 500 W 氙灯照射 1 h。光照结束后，经过滤和洗涤后将得到的产物置于烘箱中在 60 ℃下干燥 12 h，完全干燥后得到 $Ag/\alpha-Fe_2O_3$。

4.2.3　$MoS_2/Ag/\alpha-Fe_2O_3$ 样品的合成

首先，将 0.31 g 二水合钼酸钠和 0.29 g 硫脲溶解加入 40 mL 去离子水中。将混合溶液搅拌2 h以形成均匀溶液。然后，在搅拌的同时将制备好的 0.1 g $Ag/\alpha-Fe_2O_3$ 加入上述溶液中，再将其转移到内衬特氟龙的不锈钢高压釜中在 180 ℃下加热 36 h。自然冷却后，将产物离心并用去离子水洗涤数次。最后，将产品置于烘箱中在 60 ℃下干燥 12 h，得到 $MoS_2/Ag/\alpha-Fe_2O_3$ 粉末。

4.2.4 光催化降解双酚 A 实验

所制备样品的光催化性能测试通过在模拟太阳光条件下降解环境激素类物质双酚 A 来实现。实验中所用的模拟太阳光光源为 150 W/cm 的氙灯,加紫外滤光片,保留波长大于 420 nm 的可见光。以双酚 A 水溶液作为目标降解溶液,双酚 A 质量浓度为 20 mg/L,溶液体积为 100 mL,催化剂用量为 30 mg。光催化反应过程中,反应体系处于持续冷却水循环装置中,以避免长时间光照带来的溶液升温而影响催化结果。在光照开始之前,先将反应溶液置于暗处搅拌 30 min 进行暗反应,从而达到催化剂对污染物的吸附平衡。此后,在光照期间每 15 min 取一定体积的水样,经过 0.25 μm 滤膜过滤后,利用高效液相色谱仪进行分析,以测定污染物在光催化反应过程中的浓度变化,最终计算催化剂对污染物的降解率。

4.3 结果与讨论

4.3.1 样品的 XRD 分析

X 射线衍射(XRD)图揭示了制备的样品的晶体结构。如图 4.1 所示,纯 $\alpha-Fe_2O_3$ 在 24.2°、33.2°、35.8°、40.9°、49.4°、54.0°、57.6°、62.5° 和 64.1°处具有强衍射峰,对应于赤铁矿相的(012)、(104)、(110)、(113)、(024)、(116)、(018)、(214)和(300)结晶形核平面,可以索引到 $\alpha-Fe_2O_3$(JCPDS33-0664)。从 MoS_2 的 XRD 谱图中能观察到 3 个明显的特征衍射峰出现在 13.2°、33.4°、58.7°处,能够分别对应 MoS_2 的(002)、(100)和(110)晶体平面,说明得到的 MoS_2 为 2H 晶系,对应标准卡片 JCPDS75-1539。两种复合样品的 XRD 谱图所检测到的衍射峰形均呈现出相似的趋势,均以 $\alpha-Fe_2O_3$ 晶体结构为主体,说明 Ag 和 MoS_2 的引入并未对 $\alpha-Fe_2O_3$ 的晶体结构造成影响。值得注意的是,在 MoS_2/Ag/$\alpha-Fe_2O_3$ 的 XRD 图中不仅观察到 $\alpha-Fe_2O_3$ 的主要衍射峰,并且对应于 MoS_2 的(002)和(110)晶面的衍射峰也出现在 13.2°和 58.7°附近,表明 $\alpha-Fe_2O_3$ 和 MoS_2 成功复合。衍射峰的位置发生轻微偏移可归因于 3 种材料界面之间的相互作用。此外,在样品 Ag/$\alpha-Fe_2O_3$和 MoS_2/Ag/$\alpha-Fe_2O_3$ 展现出的 XRD 谱图中并未观察到明显的 Ag 的衍射峰出现,同时相较于纯 $\alpha-Fe_2O_3$ 的衍射峰强度,Ag/$\alpha-Fe_2O_3$ 的衍射峰强度微微下降,这可能是由 Ag 的引入量很小导致的,Ag 是否成功引入需要进一步的探索。

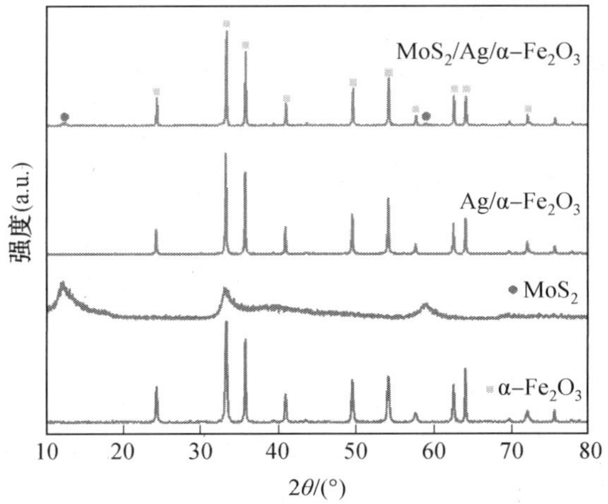

图 4.1　$\alpha-Fe_2O_3$、MoS_2、$Ag/\alpha-Fe_2O_3$ 以及 $MoS_2/Ag/\alpha-Fe_2O_3$ 的 XRD 谱图

4.3.2　样品的 XPS 分析

通过 X 射线光电子能谱(XPS)探讨所制备样品的表面元素组成和化学状态。$MoS_2/Ag/\alpha-Fe_2O_3$中各个元素轨道的精细 XPS 谱图如图 4.2 所示。$MoS_2/Ag/\alpha-Fe_2O_3$ 的全元素 XPS 谱图如图 4.2(a)所示,$MoS_2/Ag/\alpha-Fe_2O_3$ 的表面主要元素是 Fe、O、S、Mo 和 Ag。此外,Fe 2p 轨道大约位于 711 eV、O 1s 轨道大约位于 532 eV、S 2p 轨道大约位于 162 eV、Mo 3d 轨道大约位于 233 eV、Ag 3d 轨道大约位于 368 eV。这样的结果表明两种组分成功复合。从图 4.2(b)可以看出,在 $\alpha-Fe_2O_3$ 的 XPS 谱图 Fe 2p 轨道上可以观察到 4 个不同的特征峰,它们分别位于 710.8 eV、717.1 eV、724.6 eV 和 732.9 eV,分别对应于 Fe $2p_{3/2}$、Fe $2p_{1/2}$和 Fe。O 1s 轨道的精细 XPS 谱图如图 4.2(c)所示,对最终样品的 O 1s 轨道进行分峰处理后出现了 3 个明显的特征峰。结合能位于 530.1 eV 处的主峰能够分配给 $\alpha-Fe_2O_3$ 中的晶格氧,结合能位于531.7 eV和 532.9 eV 处卷积出的两个特征峰能够分别分配给材料表面的羟基物质中的氧以及表面的吸附氧。$MoS_2/Ag/\alpha-Fe_2O_3$ 中的 Ag 3d 轨道如图 4.2(d)所示展现出了两个明显的特征峰,分别位于结合能 368.1 eV 和 374.1 eV的位置,分别对应着 Ag $3d_{5/2}$和 Ag $3d_{3/2}$轨道。值得注意的是,Ag $3d_{5/2}$和 Ag $3d_{3/2}$两个峰的结合能的差值为 6.0 eV,表明通过光还原方法产生的 Ag 为 Ag^0,由于其良好的导电性,Ag^0 在 Z 型异质结中常常被当作电子传输介质而存在,并作为光生载流子的复合中心,促进电荷分离效率的提高。如图 4.2(e)所示,Mo 3d 的轨道相较于其他元素略显

复杂，经过分峰处理后 Mo 3d 轨道卷积出了 7 个不同的特征峰，分别对应 Mo 元素在 $MoS_2/Ag/\alpha-Fe_2O_3$ 中的不同元素状态。由于 Mo 3d 轨道与 S 2s 轨道位置相近，所以在 Mo 3d 轨道中卷积出了 S 2s 的峰，位于结合能 225.9 eV 的位置。属于 Mo 3d 轨道的位置卷积出了 6 个不同的特征峰，结合能位于 227.9 eV 和 231.2 eV 能够分别对应于 Mo^{4+}的 Mo $3d_{5/2}$和 Mo $3d_{3/2}$轨道，结合能位于 229.2 eV 和 232.4 eV 能够分别对应于 Mo^{5+}的 Mo $3d_{5/2}$和 Mo $3d_{3/2}$轨道，结合能位于 233.9 eV 和 235.4 eV 能够分别对应于 Mo^{6+}的 Mo $3d_{5/2}$和 Mo $3d_{3/2}$轨道。

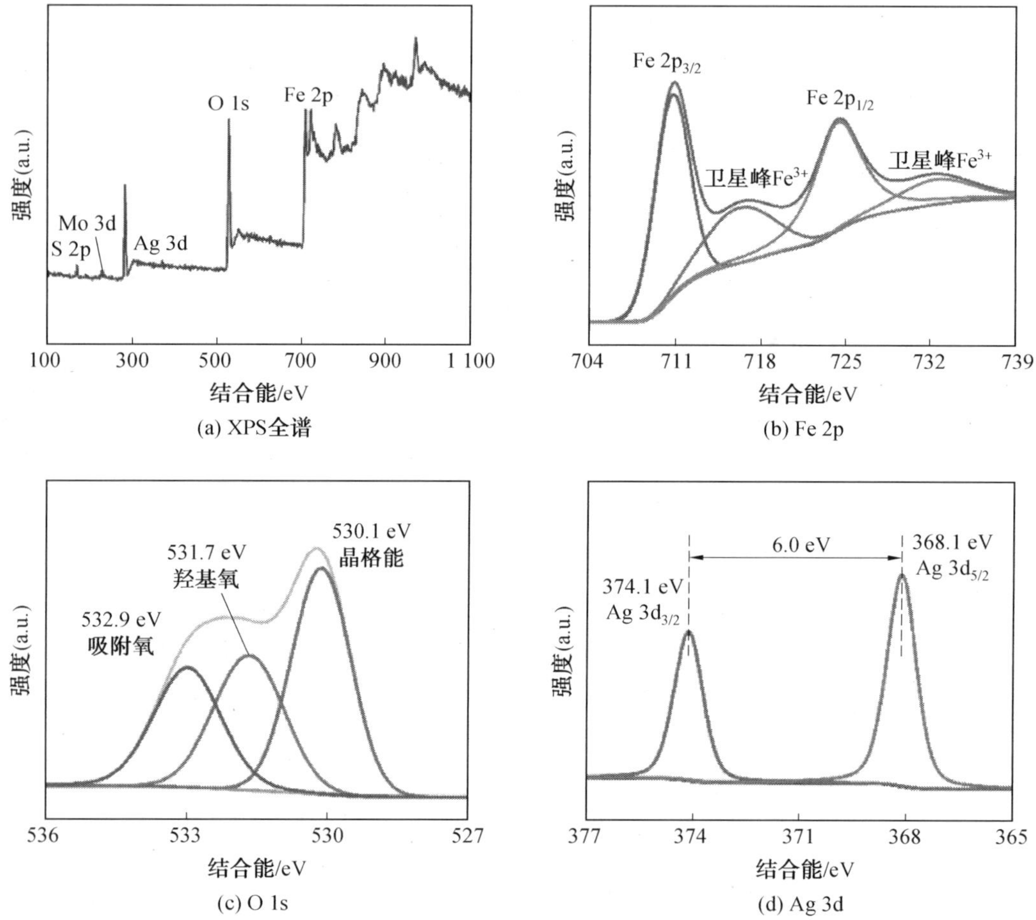

图 4.2 $MoS_2/Ag/\alpha-Fe_2O_3$ 的 XPS 全谱以及 Fe 2p、O 1s、Ag 3d、Mo 3d、S 2p 的 XPS 谱图(彩图见附录)

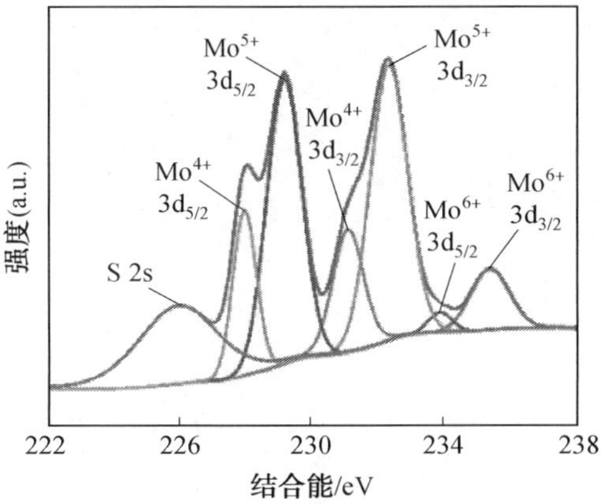

(e) Mo 3d

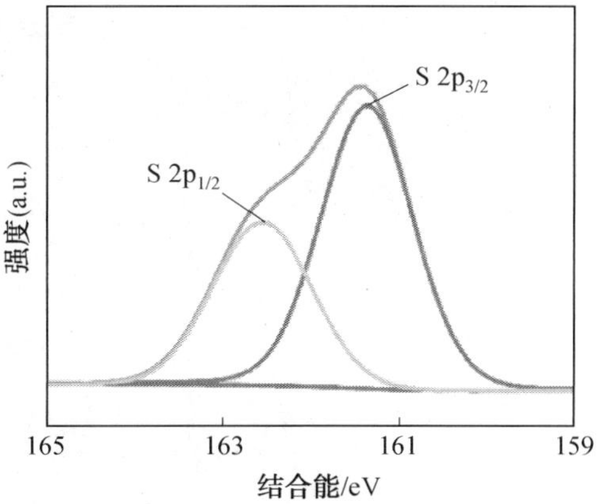

(f) S 2p

续图 4.2

这样的结果意味着 $MoS_2/Ag/\alpha-Fe_2O_3$ 中的 MoS_2 的晶格中有缺陷产生。S 元素是 MoS_2 的重要组成元素之一。除了在 Mo 3d 轨道中观察到的属于 S 2s 的峰，在图 4.2(f)中 $MoS_2/Ag/\alpha-Fe_2O_3$ 的 S 2p 轨道可以在 161.4 eV 和 162.5 eV 处卷积出两个明显的特征峰，分别对应于 S $2p_{3/2}$和 S $2p_{1/2}$，表明 S 元素在 MoS_2 中以 S 的形式存在。这样的结果表明 3 种组分被成功复合，并且 Ag 作为 Z 型异质结中的电子传输介质而存在。

4.3.3　样品的 SEM 和 TEM 分析

通过扫描电子显微镜(SEM)和高分辨率透射电子显微镜(HRTEM)观察了所制备的 $\alpha-Fe_2O_3$ 六边形纳米片以及 $MoS_2/Ag/\alpha-Fe_2O_3$ 的形貌和微观结构(图 4.3)。如图 4.3(a)所示，通过水热法合成的 $\alpha-Fe_2O_3$ 是微观形态具有六边形轮廓的规则纳米片，六边形的边缘十分清晰并且具有比较光滑的表面，纳米片的尺寸约为 200 nm，同时所制备的样品尺寸十分均匀，且具有统一的形貌。$\alpha-Fe_2O_3$ 的 TEM 图像如图 4.3(b)所示，与其 SEM 图像相对应，能够观察到明显六边形的片状结构。在图 4.3(c)中，通过透射电子显微镜观察到 $MoS_2/Ag/\alpha-Fe_2O_3$ 形态为外部包裹花状薄片、内部为六边形纳米片的二维/二维结构，观察外部的花状薄片 MoS_2 纳米片，其内部呈现明显的 $\alpha-Fe_2O_3$ 六边形纳米片结构，$\alpha-Fe_2O_3$ 纳米片的六边形方向并不一致，但是外部包裹得比较完全，没有观察到明显的 Ag 纳米颗粒。这是因为其尺寸太小。在图 4.3(d)中，通过 HRTEM 对 $MoS_2/Ag/\alpha-Fe_2O_3$ 的内部微观结构进行了进一步的观察，在图像中观察到 3 种不同的晶格条纹，0.25 nm的对应于 $\alpha-Fe_2O_3$ 的(110)晶面，0.24 nm 的对应于 Ag 的(111)晶面，0.62 nm 的对应于 MoS_2 的(002)晶面，3 种组分的晶格条纹同时出现表明 3 种组分成功复合。

(a) α-Fe_2O_3的SEM图像

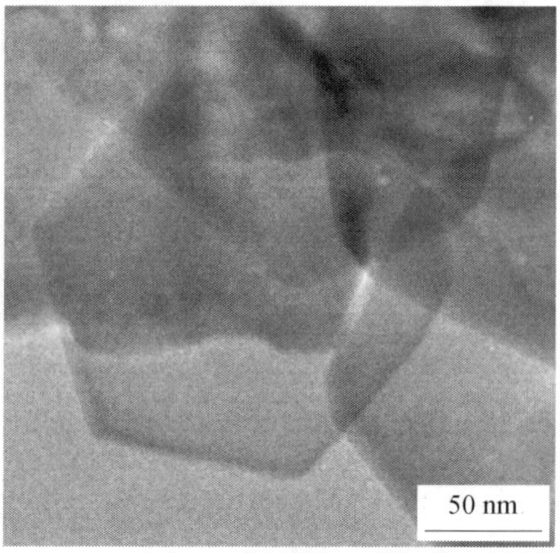

(b) α-Fe_2O_3的TEM图像

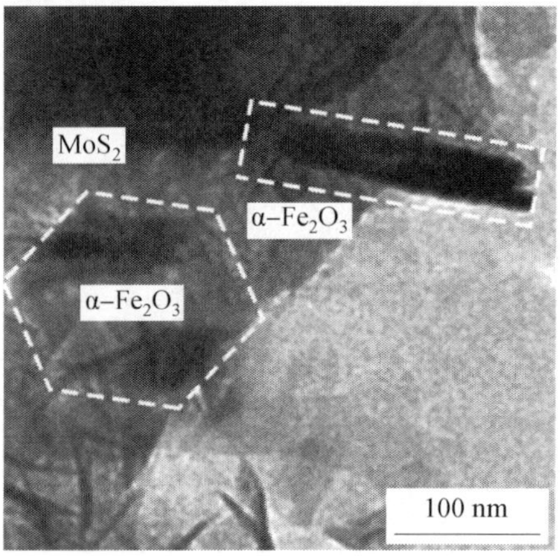

(c) MoS_2/Ag/α-Fe_2O_3的TEM图像

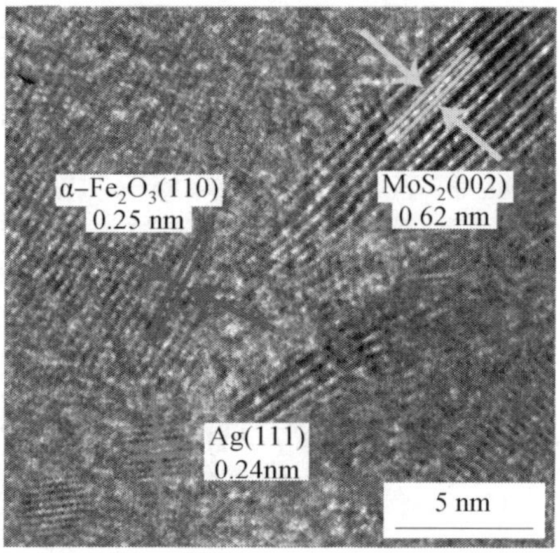

(d) MoS_2/Ag/α-Fe_2O_3的HRTEM图像

图 4.3 α-Fe_2O_3 的 SEM 图像和 TEM 图像以及 MoS_2/Ag/α-Fe_2O_3 的 TEM 图像和 HRTEM 图像

4.3.4 样品的光催化性能测试

本部分实验以双酚 A(BPA)作为目标污染物来检测所制备样品的光催化活性。图 4.4(a)显示了 180 min 内 α-Fe_2O_3、MoS_2、Ag/α-Fe_2O_3 以及 MoS_2/Ag/α-Fe_2O_3 对 BPA 的光催化降解活性趋势。不同样品均在可见光照射前进行 30 min 的暗吸附过程,30 min 后所有样品对污染物的物理吸附达到平衡以去除物理吸附对光催化的影响。随后进行可见光照射,光照后每 30 min 记录一次降解率。纯 MoS_2 的 180 min 光催化降解率最低,仅达到 20% 左右,这可能与其低的电荷分离效率有关。纯 α-Fe_2O_3 在 180 min 内对 BPA 的可见光催化降解率比纯 MoS_2 稍高,达到了 30% 左右,这样的结果是因为纯 α-Fe_2O_3 的价带能级更适合进行氧化反应,具有更高的氧化能力。与 $\alpha-Fe_2O_3$ 和 MoS_2 相比,$Ag/\alpha-Fe_2O_3$ 对 BPA 的光降解活性均明显提高,这可能是由于 Ag 具有高的导电性,在光激发后 $\alpha-Fe_2O_3$ 的光生电子能够实现向 Ag 的转移,使 $\alpha-Fe_2O_3$ 的光生载流子分离效率得到了提高,进而展现了更高的光催化活性。$MoS_2/Ag/\alpha-Fe_2O_3$ 的光催化活性最强,降解率最高,达到96.2%,表明其具有最佳的光生电子分离效率,同时芬顿反应在降解过程中产生,进而使反应过程中产生的活性基团数量急剧增加,从而大大提高了其氧化还原活性。在图4.4(b)中,对不同样品的光催化一级反应动力学进行了探索,并计算了 $\alpha-Fe_2O_3$、MoS_2、$Ag/\alpha-Fe_2O_3$ 以及 $MoS_2/Ag/\alpha-Fe_2O_3$ 相对应的一级反应速率常数(k)。$\alpha-Fe_2O_3$、MoS_2、$Ag/\alpha-Fe_2O_3$ 以及 $MoS_2/Ag/\alpha-Fe_2O_3$ 的一级反应速率常数分别为0.002 5 min^{-1}、0.001 2 min^{-1}、0.004 5 min^{-1}和0.021 1 min^{-1}。与其他样品相比,$MoS_2/Ag/\alpha-Fe_2O_3$ 计算出的数值最高,分别是纯 $\alpha-Fe_2O_3$ 的8.5倍以及纯 MoS_2 的17.6倍,复合体系的构建极大地提高了 $\alpha-Fe_2O_3$ 的光催化活性。

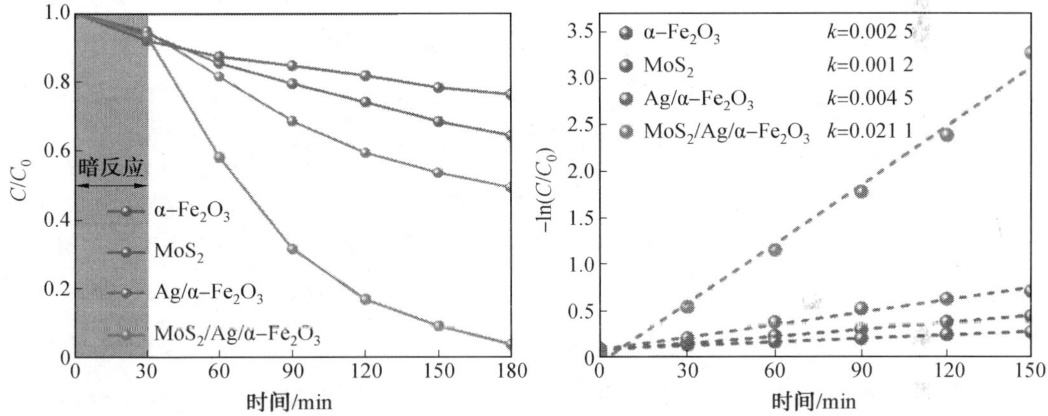

(a) 光催化降解率 (b) 表观反应速率常数

图4.4 BPA 的光催化降解率和表观反应速率常数(彩图见附录)

4.3.5 样品的光电化学性能分析

对于光催化技术来说,材料的光学性质是影响其效率的关键因素,尤其是材料的光吸收性能,所制备的样品的光吸收性能由紫外-可见漫反射光谱(UV-Vis DRS)确定。如图4.5所示,纯 $\alpha-Fe_2O_3$ 的光吸收边缘大约位于550 nm,其吸收边缘在可见光区,表明 $\alpha-Fe_2O_3$ 对可见光具有响应和吸收性能。MoS_2 在图中的光吸收曲线中并没有呈现出明显的光吸收边缘,在紫外光区、可见光区和近红外光区均展现出了很强的光吸收强度,这与 MoS_2 粉末自带的黑色有很大关系,表明 MoS_2 具有很强的光吸收能力。二元复合后产生

的 $Ag/\alpha-Fe_2O_3$ 的光吸收性能发生了一些变化，相对于纯 $\alpha-Fe_2O_3$ 而言，Ag 的引入使纯 $\alpha-Fe_2O_3$ 的光吸收边缘发生了红移，拓展了 $\alpha-Fe_2O_3$ 的光响应区域，将其光响应区域延伸至近红外光区。$MoS_2/Ag/\alpha-Fe_2O_3$ 最终样品展现出了仅次于纯 MoS_2 的光吸收性能，材料在紫外光区、可见光区和近红外光区均展现了较强的吸收强度。由此可知，Ag 和 MoS_2 的引入显著增强了 $\alpha-Fe_2O_3$ 的光吸收性能，提高了对光的利用率。

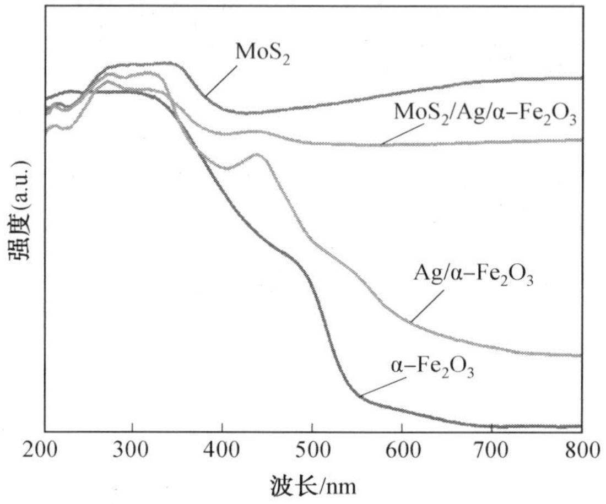

图 4.5　制备的样品的紫外-可见漫反射光谱

光生载流子的分离效率及迁移方式是影响催化剂光催化活性的重要内部因素，探索光催化剂的光生电子转移和分离是研究光催化材料产生活性机理的必要一环。电化学阻抗和瞬态光电流响应强度可以反映光催化材料的界面电荷转移和分离效率。小的电化学阻抗半径和高光电流响应强度通常对应于优秀的光生载流子分离效率。如图 4.6(a)所示，不同的样品展现出了不同的电化学阻抗半径，值得注意的是，相较于纯 $\alpha-Fe_2O_3$ 和 MoS_2，$Ag/\alpha-Fe_2O_3$ 以及 $MoS_2/Ag/\alpha-Fe_2O_3$ 的电化学阻抗半径更小，表明 $Ag/\alpha-Fe_2O_3$ 以及 $MoS_2/Ag/\alpha-Fe_2O_3$ 的光生电子的分离和传输方式发生了变化，进而具有更高的载流子分离效率，组分界面之间的电荷转移机理可以有效抑制光生电子的复合。其中，$MoS_2/Ag/\alpha-Fe_2O_3$ 展现出了最小的电化学阻抗半径，表明其电荷分离效率最高。此外，图 4.6(b)中的瞬态光电流响应结果能够与电化学阻抗的结果相呼应，$MoS_2/Ag/\alpha-Fe_2O_3$ 的瞬态光电流响应强度相较于纯 $\alpha-Fe_2O_3$ 和 MoS_2 得到了较为明显的提高，进一步证明了相较于其他所制备的样品，$MoS_2/Ag/\alpha-Fe_2O_3$ 具有更高的电荷分离效率。

利用稳态 PL 光谱和时间分辨 PL 光谱进一步验证了 $\alpha-Fe_2O_3$ 以及 $MoS_2/Ag/\alpha-Fe_2O_3$ 的光生载流子分离效率。如图 4.7(a)所示，纯 $\alpha-Fe_2O_3$ 以及 $MoS_2/Ag/\alpha-Fe_2O_3$ 的稳态 PL 光谱展现出了不同的 PL 强度，$MoS_2/Ag/\alpha-Fe_2O_3$ 的稳态 PL 强度明显低于纯 $\alpha-Fe_2O_3$ 的强度，低的 PL 强度往往对应着优秀的光生电子分离效率。$MoS_2/Ag/\alpha-Fe_2O_3$ 更

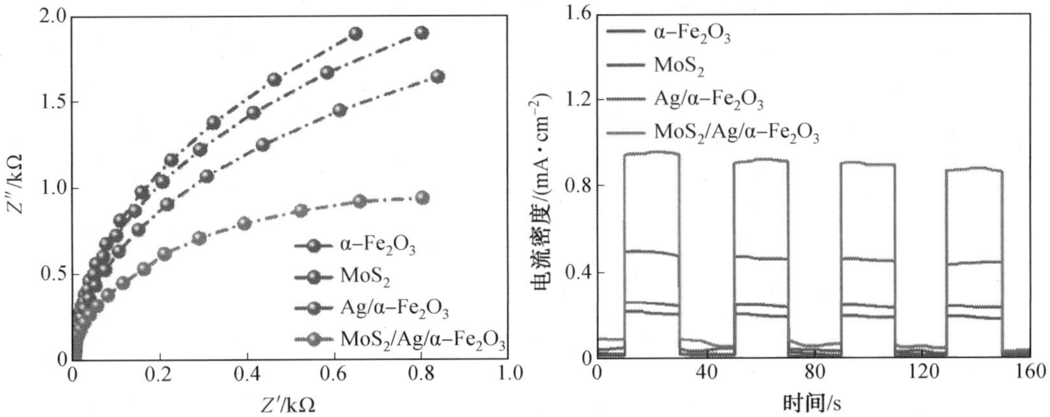

(a) 电化学阻抗谱　(b) 瞬态光电流响应谱图

图 4.6　所制备样品的电化学阻抗谱和瞬态光电流响应谱图(彩图见附录)

低的稳态 PL 强度表明其光生载流子分离效率更高。此外,对 $\alpha-Fe_2O_3$ 和 $MoS_2/Ag/\alpha-Fe_2O_3$ 两种样品进行了时间分辨 PL 光谱测试,如图 4.7(b)所示,并且 $\alpha-Fe_2O_3$ 和 $MoS_2/Ag/\alpha-Fe_2O_3$ 的电子寿命由公式 $\tau=(B_1\tau_1^2+B_2\tau_2^2)/(B_1\tau_1+B_2\tau_2)$ 计算,分别为 2.07 ns 和 2.94 ns。相比之下 $MoS_2/Ag/\alpha-Fe_2O_3$ 具有更高的电子寿命,这意味着催化剂被光激发后经过电荷分离和转移过程产生的电子存在的时间更长,表明 $MoS_2/Ag/\alpha-Fe_2O_3$ 的光生电子复合受到抑制。

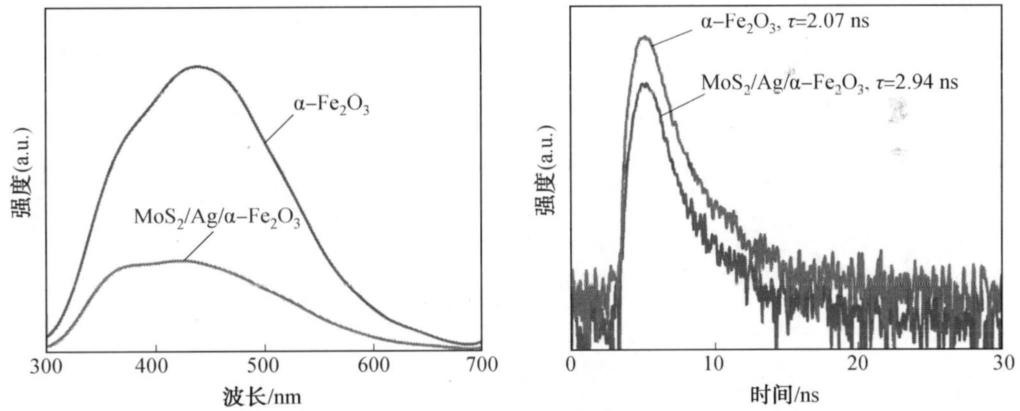

(a) 稳态PL光谱　(b) 时间分辨PL光谱

图 4.7　$\alpha-Fe_2O_3$ 以及 $MoS_2/Ag/\alpha-Fe_2O_3$ 的稳态 PL 光谱和时间分辨 PL 光谱

确定光催化材料的导带和价带能级位置是探索其光催化机理的基本条件,通过转换 Kubelka-Munk 函数与光子能量的关系图确定了纯 MoS_2 和纯 $\alpha-Fe_2O_3$ 在光激发下发生电子跃迁后的禁带宽度。如图 4.8(a)所示,对纯 $\alpha-Fe_2O_3$ 的光吸收谱图进行 Kubelka-Munk 函数转换,对得到的曲线作切线,得到纯 $\alpha-Fe_2O_3$ 的禁带宽度为 2.24 eV。在图 4.8

(b)中以同样的方式计算得到纯 MoS_2 的禁带宽度为 1.93 eV。

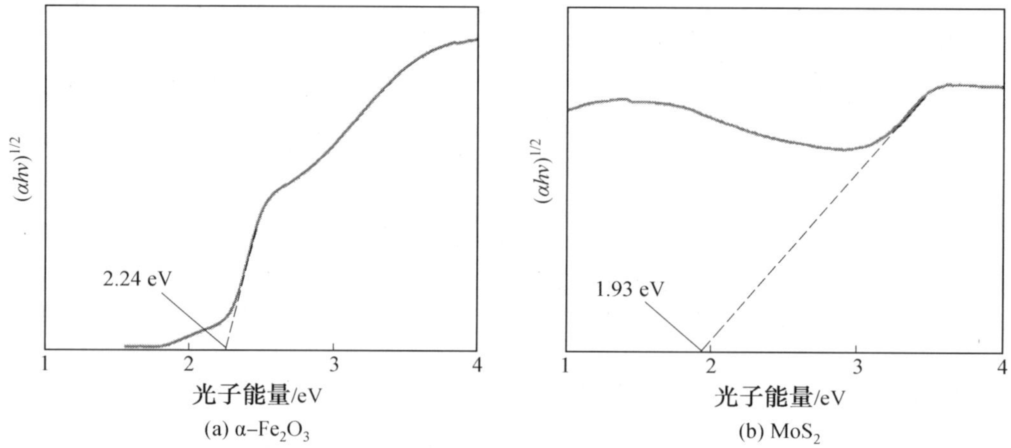

图 4.8 α-Fe_2O_3 和 MoS_2 的间接带间跃迁能

通过 XPS 价带谱对纯 MoS_2 和纯 α-Fe_2O_3 的价带能级位置进行探索。从图 4.9 的 XPS 价带谱中的曲线可以看出，α-Fe_2O_3 和 MoS_2 的价带能级分别位于 2.37 eV 和 1.41 eV。进而通过确定的带隙和价带位置，根据半导体能级公式 $E_{VB}=E_g-E_{CB}$ 推导出 α-Fe_2O_3 和 MoS_2 的导带能级分别为 0.13 eV 和-0.41 eV，从而确定了光激发后 α-Fe_2O_3 和 MoS_2 的能带结构。

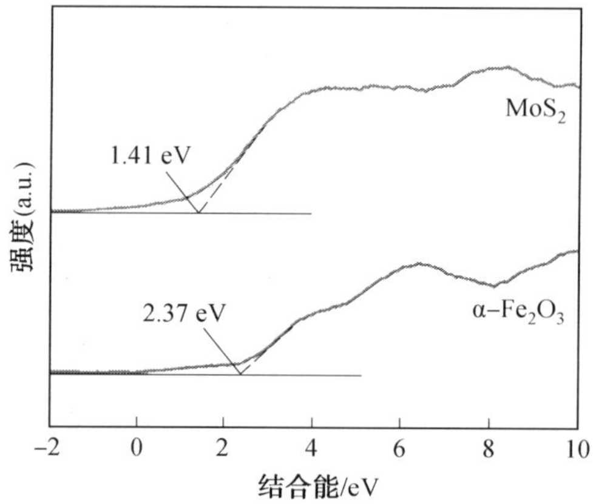

图 4.9 α-Fe_2O_3 和 MoS_2 的 XPS 价带谱

基于对光激发后 α-Fe_2O_3 和 MoS_2 的能带结构的确定，在图 4.10 中对 α-Fe_2O_3 和 MoS_2 的能级结构进行绘制，并对可能在两者间的电荷转移方式进行了推测。如图 4.10 所示，可见光激发后 α-Fe_2O_3 和 MoS_2 的光生电子分别于 2.37 eV 和 1.41 eV 的价带向位于 0.13 eV 和-0.52 eV 的导带跃迁，电子分离至导带能级，并在价带能级产生了光生空穴，基于两者之间的界面接触以及能带能级不同而发生电荷转移。根据 UV-Vis DRS 和

VB-XPS 得到的材料的能带结构，推测 $\alpha-Fe_2O_3$ 和 MoS_2 界面之间产生的异质结也就是电荷转移方式应该是传统的Ⅱ型异质结。在传统的Ⅱ型异质结中，MoS_2 经过可见光激发产生的电子转移到能级电势较低的 $\alpha-Fe_2O_3$ 导带，而 $\alpha-Fe_2O_3$ 价带经过可见光激发产生的空穴转移到能级电势较高的 $\alpha-Fe_2O_3$ 价带。但由于能带能级的限制，MoS_2 的光生电子向 $\alpha-Fe_2O_3$ 的导带转移后，$\alpha-Fe_2O_3$ 的导带能级电势不能满足反应体系中的 O_2 转化成 $\cdot O_2^-$ 的热力学要求，同时 $\alpha-Fe_2O_3$ 价带的光生空穴向 MoS_2 的价带转移后 MoS_2 的价带能级电势也不能满足反应体系中的 OH^- 转化为 $\cdot OH$ 的热力学要求，但是 $MoS_2/Ag/\alpha-Fe_2O_3$ 光降解双酚 A 依靠的就是反应过程中转换的活性物质，所以 $MoS_2/Ag/\alpha-Fe_2O_3$ 的电荷传输机制为Ⅱ类异质结的可能性不大，对其电荷转移方式需要进一步探索。

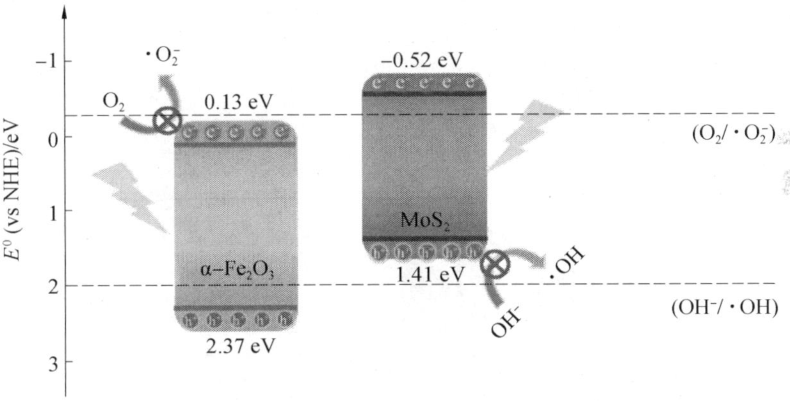

图 4.10　$\alpha-Fe_2O_3$ 和 MoS_2 接触前的能带结构

4.3.6　体系中的活性物质及光催化反应机理

反应过程中产生的 $\cdot OH$、$\cdot O_2^-$、h^+等反应性活性基团能够大量且有效地产出，是有效降解有机污染物的根本原因。由于其氧化还原电势能够实现污染物的有效去除，所以探索反应过程中产出的活性物质种类是必要的。所设计的最终体系光催化降解双酚 A 的过程中产生的活性基团种类通过在反应过程中加入自由基猝灭剂的方法来进行确定。在相同的条件下利用 $MoS_2/Ag/\alpha-Fe_2O_3$ 对双酚 A 进行降解实验，在反应过程中分别加入苯醌(BQ)、EDTA-2Na 和叔丁醇(TBA)作为自由基猝灭剂分别猝灭 $\cdot O_2^-$、h^+和 $\cdot OH$，猝灭剂的加入能够有效地对对应的自由基进行猝灭，从而通过观察最终的降解效果来确定目标自由基对反应的影响。结果如图 4.11 所示，加入 EDTA-2Na 后，$MoS_2/Ag/\alpha-Fe_2O_3$ 对双酚 A 的降解率基本未发生变化，这意味着 h^+对 $MoS_2/Ag/\alpha-Fe_2O_3$ 的光催化活性影响很小。此外，添加 BQ 后 $MoS_2/Ag/\alpha-Fe_2O_3$ 对双酚 A 的降解率相较于无猝灭剂添加时下降了29.2%，说明 $\cdot O_2^-$ 对 $MoS_2/Ag/\alpha-Fe_2O_3$ 降解双酚 A 的反应存在一定的影响，但并不占据主要地位。值得注意的是，向反应体系中加入 TBA 后 $MoS_2/Ag/\alpha-Fe_2O_3$ 降解双酚 A 的降解率明显下降，而 TBA 主要能够对 $\cdot OH$ 进行猝灭。这一结果表明，$\cdot OH$ 是 $MoS_2/Ag/\alpha-Fe_2O_3$ 光催化过程中产生的具有主导地位的活性基团，综合 3 次自由基猝灭实验的结果，反应过程中产生的活性基团的主次顺序为 $\cdot OH$、$\cdot O_2^-$、h^+，但是基于先前确定的 MoS_2 和 $\alpha-Fe_2O_3$ 的能带结构，$MoS_2/Ag/\alpha-Fe_2O_3$ 如果是Ⅱ类电荷转移机理，由于能带、能级电势不能满足 $\cdot OH$ 和 $\cdot O_2^-$ 产生的热力学要求，与自由基猝灭实验结果相悖，所以 $MoS_2/Ag/\alpha-Fe_2O_3$ 的电荷转移机理不是传统的Ⅱ类异质结。

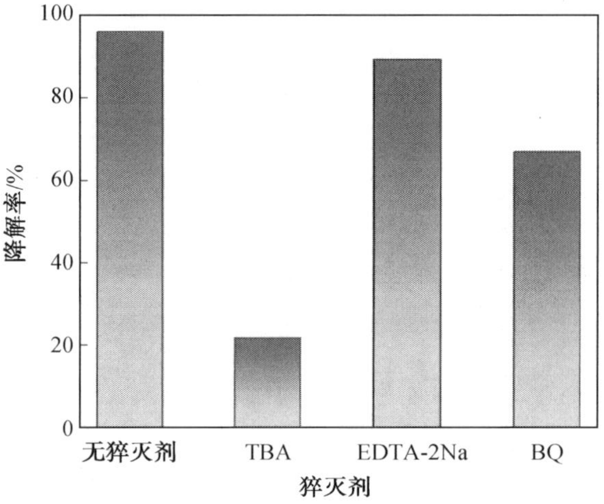

图 4.11 添加不同猝灭剂（TBA、EDTA-2Na 和 BQ）的 $MoS_2/Ag/\alpha-Fe_2O_3$ 的双酚 A 光催化降解率

根据上述 MoS_2 和 $\alpha-Fe_2O_3$ 能带结构的结果，提出了 $MoS_2/Ag/\alpha-Fe_2O_3$ 内部新的全固态 Z 型异质结电荷传输机制，如图 4.12 所示。$\alpha-Fe_2O_3$ 和 MoS_2 皆与 Ag 纳米颗粒存在界面接触，在可见光激发后 $\alpha-Fe_2O_3$ 和 MoS_2 的光生电子迅速被光从价带激发到导带能级。Ag 纳米颗粒具有优秀的导电性，位于 $\alpha-Fe_2O_3$ 导带的光生电子向 Ag 表面转移，进而导致 Ag 的表面带负电，使位于 MoS_2 价带的带正电的光生空穴倾向于向带负电的 Ag 纳米颗粒表面移动以追求正负平衡，从而导致 $\alpha-Fe_2O_3$ 的光生电子和 MoS_2 的光生空穴在 Ag 纳米颗粒表面复合。因此，$\alpha-Fe_2O_3$ 和 MoS_2 的光生载流子的复合被分别抑制，$\alpha-Fe_2O_3$ 的价带上有价值的空穴和 MoS_2 的导带上有价值的光生电子被保留，从而产生大量的活性基团。这也解释了在 ESR 光谱中 $\cdot O_2^-$ 和 $\cdot OH$ 的同时产生。但是单纯依靠 $\alpha-Fe_2O_3$ 的价带电势并不能很好地解释大量的 $\cdot OH$ 的产生，因此推测反应过程中有芬顿反应的发生。

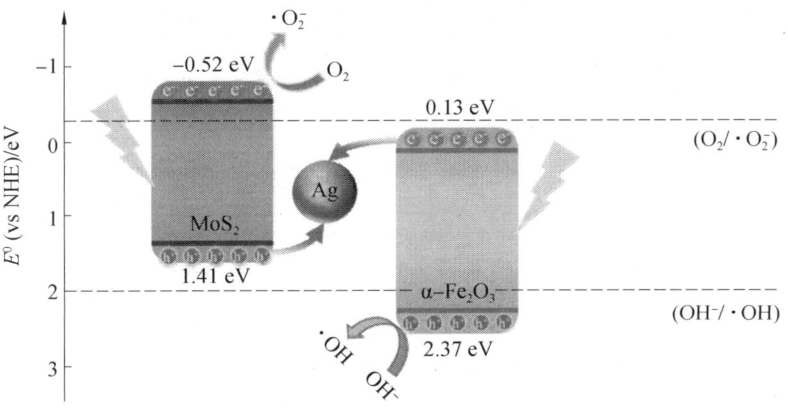

图 4.12　接触后 $MoS_2/Ag/\alpha-Fe_2O_3$ 界面内部的全固态 Z 型异质结电荷传输机制

芬顿反应主要依靠 Fe 与过氧化氢之间的相互反应，所以为了验证反应过程中有芬顿反应发生的推测，对 $\alpha-Fe_2O_3$、$Ag/\alpha-Fe_2O_3$ 和 $MoS_2/Ag/\alpha-Fe_2O_3$ 在可见光照射下是否产生 H_2O_2 进行了检测。如图 4.13 所示，纯 $\alpha-Fe_2O_3$ 的光催化 H_2O_2 的产量几乎可以忽略不计，而 $Ag/\alpha-Fe_2O_3$ 和 $MoS_2/Ag/\alpha-Fe_2O_3$ 均展现出了 H_2O_2 产生的活性。值得注意的是，$MoS_2/Ag/\alpha-Fe_2O_3$ 的 H_2O_2 产出量是 $Ag/\alpha-Fe_2O_3$ 的 4 倍以上。由此结合 $MoS_2/Ag/\alpha-Fe_2O_3$展现出的显著的光催化降解活性可知，在反应过程中确实有芬顿反应的发生，因此大量羟基自由基的产生有理可循。

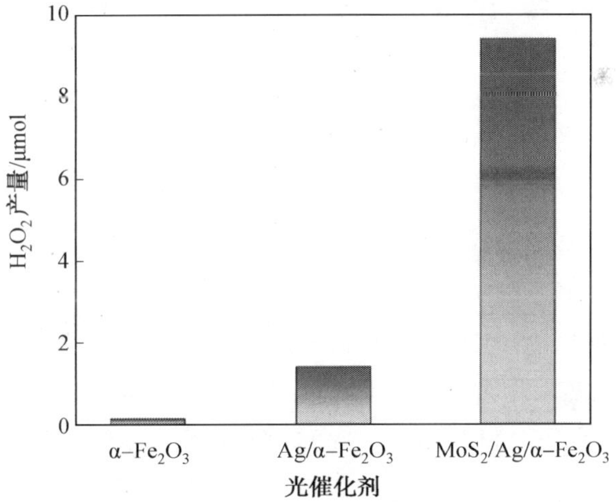

图 4.13　从所制备的光催化剂中将氧气光催化还原为过氧化氢

基于对上述结果的讨论和分析，提出了 $MoS_2/Ag/\alpha-Fe_2O_3$ 的催化机理，如图 4.14 所示。MoS_2 纳米片和 Ag 纳米颗粒的引入显著提高了 $\alpha-Fe_2O_3$ 的光吸收性能，$MoS_2/Ag/\alpha-Fe_2O_3$ 无论是光吸收范围还是光吸收强度均明显优于 $\alpha-Fe_2O_3$，其具有优秀的光利用率。

Ag 纳米颗粒具有优秀的带电性，在 $MoS_2/Ag/\alpha-Fe_2O_3$ 体系中作为电子传输介质而存在，$\alpha-Fe_2O_3$ 和 MoS_2 无价值的光生电子和空穴在 Ag 纳米颗粒存在的情况下快速转移并在 Ag 纳米颗粒表面复合形成全固态 Z 型异质结，促使具有还原氧化活性的光生电子和空穴可以实现有效分离并得以保留，功能性光生载流子的保留实现了活性基团的生成。此外，$\alpha-Fe_2O_3$ 中的 Fe^{3+} 捕获电子后被还原成 Fe^{2+}，完成 Fe^{3+} 和 Fe^{2+} 之间的循环，并因此在光催化过程中产生足量的 H_2O_2，从而在光催化过程中引发了光芬顿反应，构建了光-芬顿耦合催化体系。耦合体系产生的协同效应导致了大量具有降解活性的 $\cdot O_2^-$ 和 $\cdot OH$ 来对 BPA 进行攻击，从而实现了 BPA 的有效矿化。

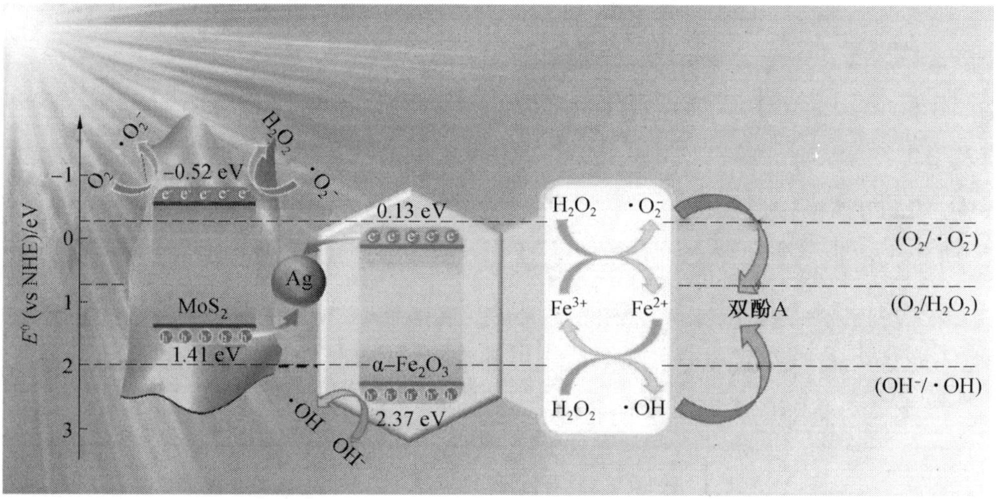

图 4.14 可见光驱动的 $MoS_2/Ag/\alpha-Fe_2O_3$ 全固态 Z 型异质结光-芬顿耦合催化机制示意图

4.4 本章小结

通过水热法成功制备出 $\alpha-Fe_2O_3$ 六边形纳米片，并通过简单的光沉积的方法在 $\alpha-Fe_2O_3$ 六边形纳米片表面实现了 Ag 纳米颗粒的沉积，通过另一步水热法成功制备出 $MoS_2/Ag/\alpha-Fe_2O_3$ 三元复合材料。通过一系列表征手段对所制备的 $MoS_2/Ag/\alpha-Fe_2O_3$ 基复合材料进行测试，并且得到了其基本的物理、化学性质，证明 3 种组分成功复合，MoS_2 和 Ag 的复合使 $\alpha-Fe_2O_3$ 光吸收能力得到了显著增强，并且促进了材料的光生电子分离。设计并实践了 $MoS_2/Ag/\alpha-Fe_2O_3$ 光-芬顿耦合催化体系，并将难降解有机污染物双酚 A 作为目标污染物检测其催化活性，结果表明最终催化体系成功实现双酚 A 的有效降解，180 min 的反应过后双酚 A 的降解率达到 96.2%，降解率分别是纯 $\alpha-Fe_2O_3$ 和 MoS_2 的 8.5 倍和 17.8 倍。提出了 $MoS_2/Ag/\alpha-Fe_2O_3$ 的催化反应机理，$\alpha-Fe_2O_3$ 和 MoS_2

基于 Ag 纳米颗粒作为固态电子介质实现了全固态 Z 型异质结的构建。此外,反应过程中基于 MoS_2 足够负的导带能级,产生 H_2O_2 并且形成 Fe^{2+} 和 Fe^{3+} 的循环,产生芬顿反应,进而展现出光-芬顿耦合催化产生的协同效应,产生大量活性基团,产生的大量的 $\cdot OH$ 和 $\cdot O_2^-$ 是降解双酚 A 的关键,提供了有效的新型光-芬顿耦合体系的构建策略。

第 5 章　$\alpha-Fe_2O_3$@$ZnIn_2S_4$ S 型异质结体系构建及光催化性能研究

5.1　引　言

在上两个章节中,分别对光催化-过硫酸盐活化体系和光-芬顿体系对双酚 A 的光降解活性进行了研究,但是新型的纯粹的光催化体系对于双酚 A 的降解同样具有潜力,所以在本章节中构建了 $\alpha-Fe_2O_3$@$ZnIn_2S_4$ 的 S 型光催化体系并研究了对双酚 A 的光催化降解。光催化技术受到半导体光生电子分离效率低的制约,不同材料的组合形成异质结是解决这一缺点的有效策略。S 型异质结自提出以来,引起了广泛关注。这种基于界面间内建电场的电荷传输方法有效地解决了其他异质结中存在的问题。S 型异质结由还原型光催化剂(RP)和氧化型光催化剂(OP)组成。由于平衡费米能级,电子在两种材料之间发生转移,从而在两种材料之间构建了反向内建电场。无价值的光生电子和空穴在内建电场产生的驱动力下重新结合,保留了具有氧化还原能力的光生载流子。S 型异质结抑制了光生载流子的复合,并表现出优异的氧化和还原能力。然而,选择合适的光催化剂来构建 S 型异质结是非常关键的。$\alpha-Fe_2O_3$ 由于其正价带能级和优异的氧化能力,被广泛应用于污染物去除和水氧化领域。作为窄带隙半导体的代表,$\alpha-Fe_2O_3$ 具有约 2.2 eV 的窄带隙,可以有效地响应和利用可见光,从而表现出优异的光氧化能力。与其他材料构建 S 型异质结是解决 $\alpha-Fe_2O_3$ 缺点的有效途径,而 $\alpha-Fe_2O_3$ 作为具有优异氧化能力的 n 型半导体也是构建 S 型异质结的合适选择。与 $\alpha-Fe_2O_3$ 类似,过渡金属硫化物族中的 $ZnIn_2S_4$ 也是窄带隙半导体的成员。具有负导带能级的 $ZnIn_2S_4$ 表现出优异的还原能力。$ZnIn_2S_4$ 的这些优点表明它可以作为 S 型异质结中的还原光催化剂。

本章通过水热法和原位生长法成功合成了不同比例的 $\alpha-Fe_2O_3$@$ZnIn_2S_4$ 材料,并实现了 S 型异质结光催化体系的构建。在 $\alpha-Fe_2O_3$@$ZnIn_2S_4$ 具有的 S 型异质结中产生高效的光生载流子分离。对合成后的 $\alpha-Fe_2O_3$@$ZnIn_2S_4$ 异质结进行综合表征,以验证其独特的结构,并通过双酚 A 的光催化降解来评估可见光驱动能力。此外,还提出了可见光驱动的 S 型异质结(α-Fe_2O_3@$ZnIn_2S_4$)的电荷传输路径和降解机理。

5.2　实验部分

5.2.1　α-Fe_2O_3 样品的合成

将 0.2 g 四水合氯化亚铁加到 60 mL 去离子水中,充分溶解。然后在剧烈搅拌的同时,将 10 mL NaOH 水溶液(1 mol/L)缓慢滴加到溶液中,滴加速度约为 5 mL/h。在滴加过程中可以观察到沉淀产生。将所得混合溶液转移到衬有聚四氟乙烯的高压釜中并在 200 ℃下加热 12 h。自然冷却至室温后,将固体产物取出,离心后用去离子水洗涤数次。然后将其在 80 ℃烘箱中干燥 6 h,即得到 α-Fe_2O_3 十四面体。

5.2.2　α-Fe_2O_3@$ZnIn_2S_4$ 样品的合成

将 0.3 g α-Fe_2O_3 十四面体、4 mL 丙三醇和 50 mL 去离子水添加到 150 mL 三颈烧瓶中并搅拌 30 min 以形成混合溶液 A。将不同比例的二氯化锌、四水合三氯化铟和硫代乙酰胺依次溶解在 40 mL 去离子水中,记为混合溶液 B。将混合溶液 A 加入混合溶液 B 中,并置于 80 ℃油浴中,搅拌 3 h。然后,将粉末真空过滤并用乙醇冲洗,最后于 60 ℃真空干燥过夜,得到了α-Fe_2O_3@$ZnIn_2S_4$分级核壳结构,根据前驱体的投加比例不同将所制备的样品划分为 α-Fe_2O_3@10% $ZnIn_2S_4$、α-Fe_2O_3@20% $ZnIn_2S_4$ 和 α-Fe_2O_3@30% $ZnIn_2S_4$。同时在 α-Fe_2O_3 十四面体不存在的情况下以相同的条件合成了 $ZnIn_2S_4$ 纳米片。

5.2.3　光催化降解双酚 A 实验

所制备样品的光催化性能测试通过在模拟太阳光条件下降解环境激素类物质双酚 A 来实现。实验中所用的模拟太阳光光源为 150 W/cm 的氙灯,加紫外滤光片,保留波长大于 420 nm 的可见光。以双酚 A 水溶液作为目标降解溶液,双酚 A 质量浓度为 20 mg/L,溶液体积为 100 mL,催化剂用量为 30 mg。光催化反应过程中,反应体系处于持续冷却水循环装置中,以避免长时间光照带来的溶液升温而影响催化结果。在光照开始之前,先将反应溶液置于暗处搅拌 30 min 进行暗反应,从而达到催化剂对污染物的吸附平衡。此后，在光照期间每 15 min 取一定体积的水样，经过 0.25 μm 滤膜过滤后，利用高效液相色谱仪进行分析，以测定污染物在光催化反应过程中的浓度变化，最终计算催化剂对污染物的降解率。

5.3 结果与讨论

5.3.1 样品的 XRD 分析

X 射线衍射（XRD）图揭示了制备的样品的晶体结构。如图 5.1 所示，纯 α-Fe_2O_3 在 24.2°、33.2°、35.8°、40.9°、49.4°、54.0°、57.6°、62.5° 和 64.1°处具有较强衍射峰，这分别对应的是赤铁矿相的（012）、（104）、（110）、（113）、（024）、（116）、（018）、（214）和（300）晶面，可以通过标准谱图索引到 α-Fe_2O_3（JCPDS33-0664）。$ZnIn_2S_4$ 的 XRD 谱图在 21.6°、27.7°、47.2°、52.4°和 55.6°处有明显的衍射峰，可对应其（006）、（102）、（110）、（116）和（022）晶体平面，说明得到的 $ZnIn_2S_4$ 为六方晶系，对应标准卡片 JCPDS65-2023。3 种复合样品的 XRD 谱图所检测到的衍射峰形均呈现出相似的趋势，均以 α-Fe_2O_3 的晶相为主体，说明其他材料的引入并未影响 α-Fe_2O_3 的晶体结构。值得注意的是，在 α-

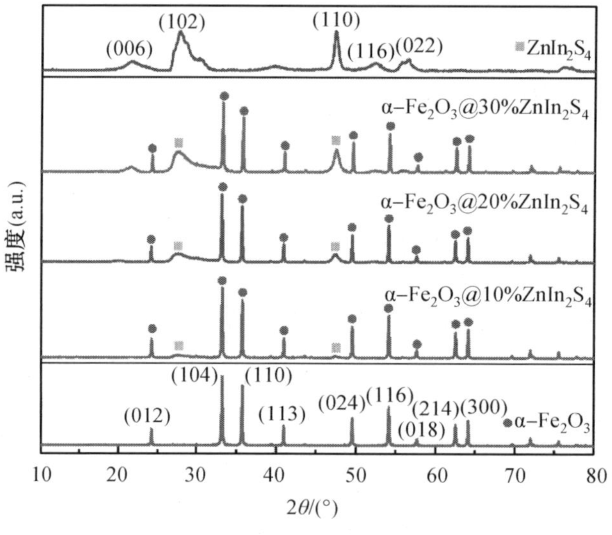

图 5.1 α-Fe_2O_3、$ZnIn_2S_4$、α-Fe_2O_3@10% $ZnIn_2S_4$、α-Fe_2O_3@20% $ZnIn_2S_4$ 和 α-Fe_2O_3@30% $ZnIn_2S_4$ 的 XRD 谱图

Fe_2O_3@10% $ZnIn_2S_4$、α-Fe_2O_3@20% $ZnIn_2S_4$ 和 α-Fe_2O_3@30% $ZnIn_2S_4$ 的 XRD 图中不仅观察到 α-Fe_2O_3 的主要衍射峰，并且对应于 $ZnIn_2S_4$ 的(102)和(110)晶面的衍射峰也出现在 27.7°和 47.2°附近，表明 α-Fe_2O_3 和 $ZnIn_2S_4$ 复合成功。衍射峰的位置发生轻微偏移可归因于两种材料界面之间的相互作用。不同比例的 $ZnIn_2S_4$ 相对应的衍射角度在 27.7°和 47.2°附近时对应 $ZnIn_2S_4$ 的峰的强度发生改变，随着 $ZnIn_2S_4$ 引入比例的增加其该位置的峰强度也明显增强。

5.3.2　样品的 XPS 分析

通过 X 射线光电子能谱(XPS)探索所制备样品的表面元素化学状态和电荷迁移方向。α-Fe_2O_3@20% $ZnIn_2S_4$ 的 XPS 全谱如图 5.2 所示，α-Fe_2O_3@20% $ZnIn_2S_4$ 的表面主要元素是 Fe、O、S、In、Zn 和 C。此外，Fe 2p 轨道大约位于 710 eV、O 1s 轨道大约位于 530 eV、S 2p 轨道大约位于 162 eV、In 3d 轨道大约位于 450 eV、Zn 2p 轨道大约位于 1 040 eV、C 1s 轨道大约位于 285 eV，这样的结果表明两种组分成功复合。

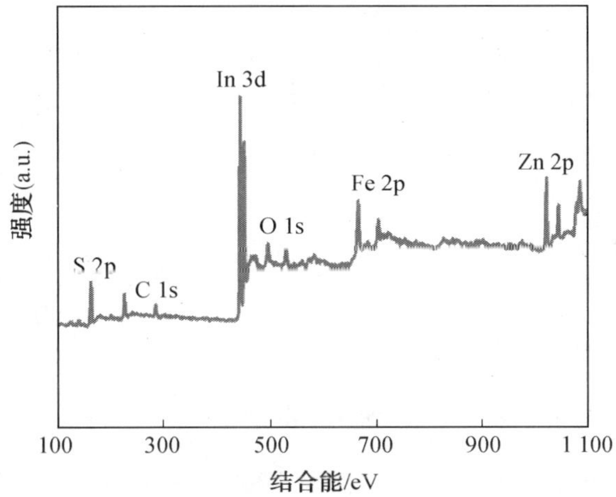

图 5.2　α-Fe_2O_3@20% $ZnIn_2S_4$ 的 XPS 全谱

α-Fe_2O_3@20% $ZnIn_2S_4$ 中各个元素轨道的精细 XPS 谱图如图 5.3 所示。从图 5.3(a)可以看出，在 α-Fe_2O_3 的 XPS 光谱的 Fe 2p 轨道上可以观察到 4 个不同的特征峰，它们分别位于 709.9 eV、718.2 eV、723.5 eV 和 731.9 eV，分别对应于 Fe $2p_{3/2}$、Fe $2p_{1/2}$和 Fe^{3+}。α-Fe_2O_3@20% $ZnIn_2S_4$ 的 XPS Fe 2p 轨道与 α-Fe_2O_3 有相同的 4 个峰。值得注意的是，α-Fe_2O_3@20% $ZnIn_2S_4$ 各自特征峰的峰位置相对于 α-Fe_2O_3 的 4 个峰的峰位置向更负的方向偏移，说明不同组件之间存在较强的相互作用。另外，元素的结合能与材料表面的电子数成反比，结合能的增减意味着复合样品中 α-Fe_2O_3 表面的电子浓度变低/变高,这样的结果意味着 α-Fe_2O_3@20%$ZnIn_2S_4$ 中的 α-Fe_2O_3 在界面接触后其表面电子得到了补充。

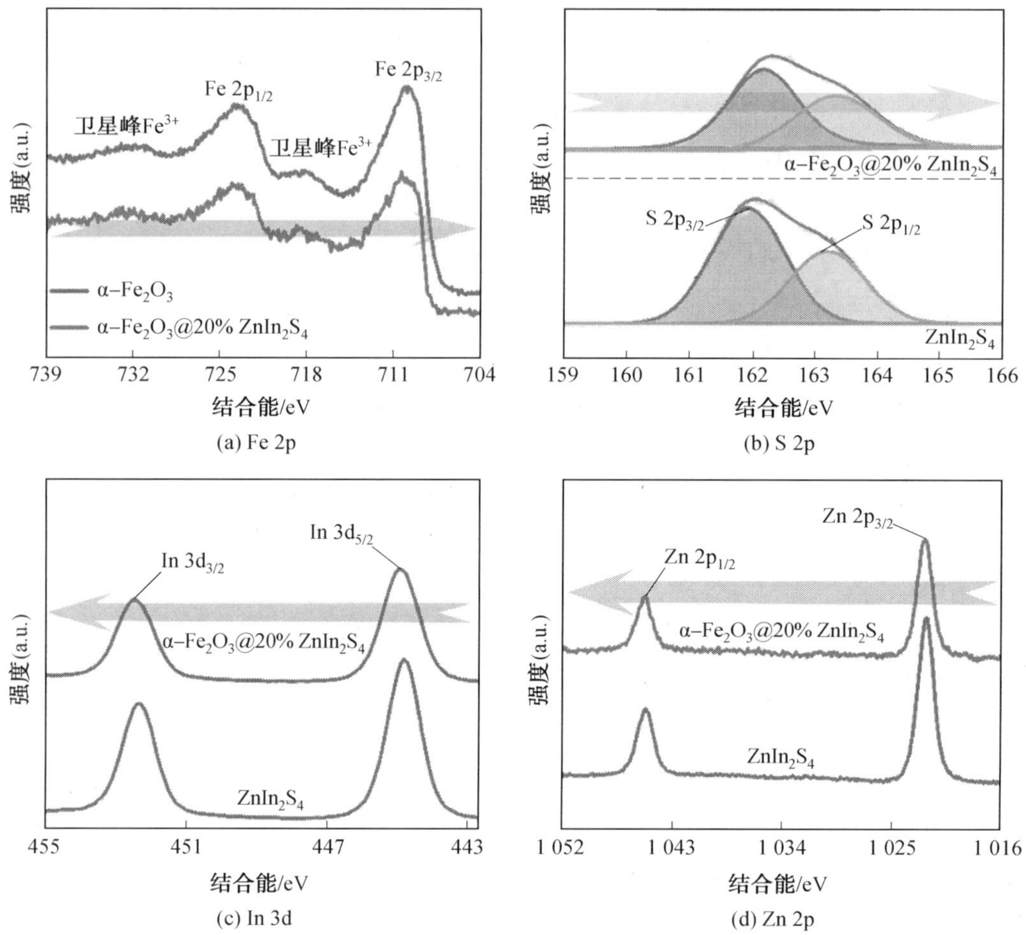

图 5.3 α-Fe_2O_3@20%$ZnIn_2S_4$ XPS 的 Fe 2p、S 2p、In 3d 和 Zn 2p 谱图(彩图见附录)

S 元素是 $ZnIn_2S_4$ 的重要组成元素之一。在图 5.3(b)中,纯 $ZnIn_2S_4$ 的 S 2p 轨道可以在 161.9 eV 和 163.2 eV 处卷积出两个明显的特征峰,分别对应于 S $2p_{3/2}$和 S $2p_{1/2}$,表明 S 元素在 $ZnIn_2S_4$ 中以 S 的形式存在。值得注意的是,α-Fe_2O_3@20%$ZnIn_2S_4$ 在两者复合后其中 S 元素结合能的移动方向是正向偏移,这意味着 $ZnIn_2S_4$ 在 α-Fe_2O_3@20% $ZnIn_2S_4$ 中失去了电子。如图 5.3(c)和(d)所示,$ZnIn_2S_4$ 的 In 3d 和 Zn 2p 轨道分别具有两个不同的特征峰。结合能 452.4 eV 和 444.8 eV 分别对应 In $3d_{3/2}$ 和 In $3d_{5/2}$,1 045.3 eV和 1 022.1 eV 分别对应 Zn $2p_{1/2}$和 Zn $2p_{3/2}$,表明 $ZnIn_2S_4$ 中的 In 元素和 Zn 元素分别以 In 和 Zn 的形式存在。特别是 α-Fe_2O_3@20%$ZnIn_2S_4$ 中 In 3d 和 Zn 2p 特征峰的结合能移动趋势与 S 2p 轨道的结合能变化趋势一致,进一步验证了 α-Fe_2O_3@20%

$ZnIn_2S_4$ 中的 $ZnIn_2S_4$ 在与 α-Fe_2O_3 发生界面接触后处于失去电子的状态。综合来看，结合不同样品中不同元素结合能的变化，α-Fe_2O_3@20% $ZnIn_2S_4$ 中的 α-Fe_2O_3 在和 $ZnIn_2S_4$ 发生界面接触后自发地得到电子，$ZnIn_2S_4$ 在和 α-Fe_2O_3 发生界面接触后自发地失去电子，因此在两者发生紧密的界面接触后 α-Fe_2O_3@20% $ZnIn_2S_4$ 中的电子转移方向为 $ZnIn_2S_4$ 向 α-Fe_2O_3 转移。

5.3.3　样品的 SEM 与 TEM 分析

通过扫描电子显微镜（SEM）和高分辨率透射电子显微镜（HRTEM）观察了所制备的 α-Fe_2O_3 十四面体、$ZnIn_2S_4$ 纳米片和 α-Fe_2O_3@20% $ZnIn_2S_4$ 的形貌和微观结构。如图 5.4(a)所示，通过水热法合成的 α-Fe_2O_3 被观察到其微观形态为具有正六边形轮廓的十四面体，十四面体边缘十分清晰并且具有比较光滑的表面，所制备的 α-Fe_2O_3 十四面体的尺寸大约为 1.2 μm，同时也能观察到 α-Fe_2O_3 十四面体的表面所暴露出的不同的晶面。如图 5.4(b)所示，纯 $ZnIn_2S_4$ 具有一个纳米片的形貌，值得注意的是，$ZnIn_2S_4$ 纳米片经过片的堆积形成了一个典型的分级结构，并且表面展现出花状的轮廓。在图 5.4(c)中，观察到 α-Fe_2O_3@20% $ZnIn_2S_4$ 形态为表面堆积片状结构的花状微球，其表面的 $ZnIn_2S_4$ 纳米片尺寸明显小于纯 $ZnIn_2S_4$ 纳米片的尺寸。这意味着 α-Fe_2O_3 作为载体而支撑 $ZnIn_2S_4$ 纳米片进行原位生长，α-Fe_2O_3@20% $ZnIn_2S_4$ 表面小的 $ZnIn_2S_4$ 纳米片表明其内部存在 α-Fe_2O_3 的支撑。没有观察到明显的 α-Fe_2O_3 十四面体的六边形轮廓，说明 $ZnIn_2S_4$ 纳米片对 α-Fe_2O_3 十四面体的包覆是完整均匀的。此外，在图 5.4(d)中利用高分辨透射电子显微镜对 α-Fe_2O_3@20% $ZnIn_2S_4$ 表面进行了更微观的观察，能够观察到 0.328 nm的晶格条纹，对应着外部包裹的 $ZnIn_2S_4$ 纳米片的(102)晶面。由此可知，α-Fe_2O_3@20% $ZnIn_2S_4$ 主要是以内部的 α-Fe_2O_3 十四面体为核，原位生长的具有分级结构的 $ZnIn_2S_4$ 纳米片为壳，从而形成分级核壳结构。分级核壳结构可以提供较大的比表面积，增强光的散射，提供更多的活性位点，增强材料对光的利用。

所制备的 α-Fe_2O_3 十四面体和 α-Fe_2O_3@20% $ZnIn_2S_4$ 具有分级核壳结构花球的氮气吸附和解吸等温线，如图 5.5 所示。由于其微米级多面体结构，纯 α-Fe_2O_3 的比表面积仅为 19.74 m^2/g。$ZnIn_2S_4$ 纳米片在 α-Fe_2O_3 十四面体的表面原位生长显著地提高了纯 α-Fe_2O_3 十四面体的比表面积，样品 α-Fe_2O_3@20% $ZnIn_2S_4$ 的比表面积达到了 135.97 m^2/g。比表面积的显著提高主要归因于分层核壳结构的构建，可以增强对污染物的吸附，并且提供更多的活性位点，有利于对光催化活性的提高。

(a) α-Fe_2O_3的SEM图像

(b) $ZnIn_2S_4$的SEM图像

(c) α-Fe_2O_3@20%$ZnIn_2S_4$的SEM图像

(d) α-Fe_2O_3@20%$ZnIn_2S_4$的HRTEM图像

图 5.4 α-Fe_2O_3、$ZnIn_2S_4$ 和 α-Fe_2O_3@20% $ZnIn_2S_4$ 的 SEM 图像以及 α-Fe_2O_3@20% $ZnIn_2S_4$ 的 HRTEM 图像

5.3.4 样品的光催化性能测试

双酚 A(BPA)作为目标污染物用来检测所制备样品的光催化活性。图 5.6(a)显示了 320 min 内 α-Fe_2O_3、α-Fe_2O_3@10% $ZnIn_2S_4$、α-Fe_2O_3@20% $ZnIn_2S_4$ 以及 α-Fe_2O_3@30% $ZnIn_2S_4$ 对 BPA 的光催化降解活性趋势。不同样品在可见光照射前进行 40 min 的暗吸附过程,40 min 后所有样品对污染物的物理吸附达到平衡以去除物理吸附对光催化的影响,随后进行可见光光照,光照后每 40 min 记录一次降解率。纯 α-Fe_2O_3 的 320 min 光催化降解率最低,仅达到 40% 左右,这可能与其低的电荷分离效率有关。与 α-Fe_2O_3 相比,α-Fe_2O_3@10% $ZnIn_2S_4$、α-Fe_2O_3@20% $ZnIn_2S_4$ 以及 α-Fe_2O_3@30% $ZnIn_2S_4$ 对 BPA 的光降解活性均明显提高,这可能是不同组分接触界面之间形成异质结,进而形成有效的电荷传输,从而使光生载流子复合率降低,导致了光催化活性的提高。α-Fe_2O_3@20%

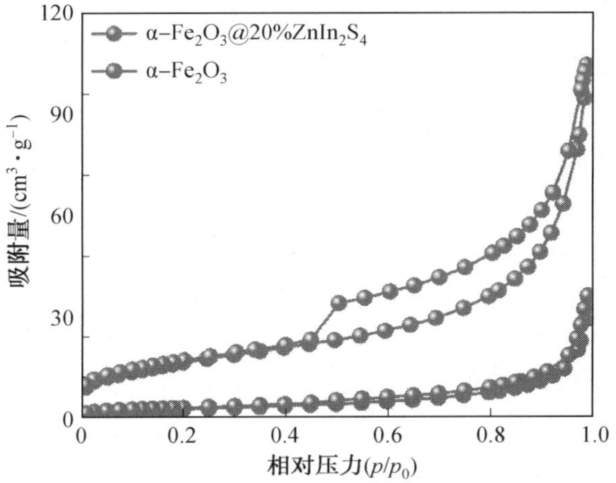

图 5.5　纯 α-Fe_2O_3和 α-Fe_2O_3@20% $ZnIn_2S_4$ 的氮气吸附-脱附曲线(彩图见附录)

$ZnIn_2S_4$ 的光催化活性最强,降解率最高,达到 94.7%,表明其具有最佳的光生电子分离效率,反应过程中产生的活性基团数量急剧增加,从而大大提高了其氧化还原活性。在图 5.6(b)中,对不同样品的光催化一级反应动力学进行了探索,并计算了 α-Fe_2O_3、α-Fe_2O_3@10% $ZnIn_2S_4$、α-Fe_2O_3@20% $ZnIn_2S_4$ 以及 α-Fe_2O_3@30% $ZnIn_2S_4$ 相对应的拟一级反应速率常数(k)。α-Fe_2O_3、α-Fe_2O_3@10% $ZnIn_2S_4$、α-Fe_2O_3@20% $ZnIn_2S_4$ 以及 α-Fe_2O_3@30% $ZnIn_2S_4$ 的一级反应速率常数分别为 0.001 7 min^{-1}、0.006 5 min^{-1}、0.009 9 min^{-1}和 0.007 8 min^{-1}。与其他样品相比,α-Fe_2O_3@20% $ZnIn_2S_4$ 计算出的数值最高,是纯 α-Fe_2O_3 的 5.8 倍,复合体系的构建极大地提高了 α-Fe_2O_3 的光催化活性。

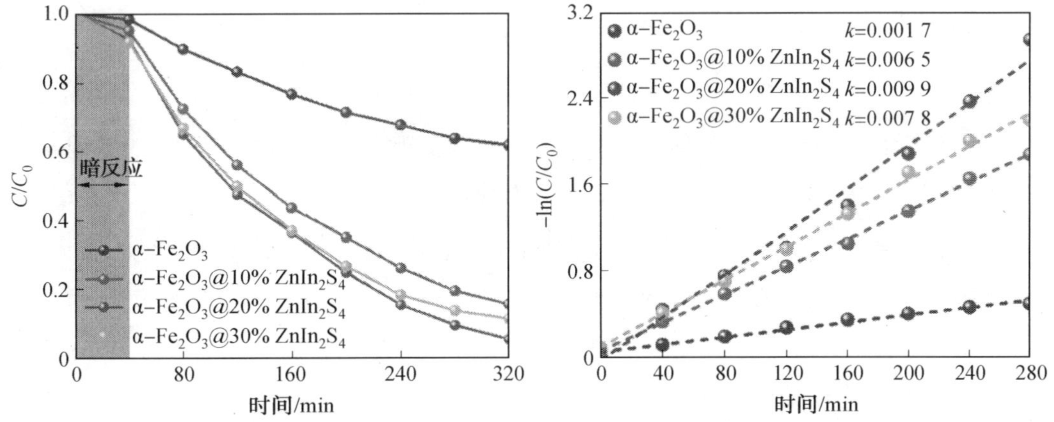

(a) 光催化降解率　　(b) 表观反应速率常数

图 5.6　BPA 的光催化降解率和表观反应速率常数(彩图见附录)

5.3.5 样品的光电化学性能分析

由于 $\alpha-Fe_2O_3$@20% $ZnIn_2S_4$ 展现出了最高的光催化降解双酚 A 的活性，所以后续基于光催化机理的探索主要针对 $\alpha-Fe_2O_3$@20% $ZnIn_2S_4$ 进行。对于光催化技术来说，材料的光学性质是影响其效率的关键因素，尤其是材料的光吸收性能，所制备的样品的光吸收特性由紫外-可见漫反射光谱确定。如图 5.7 所示，纯 $\alpha-Fe_2O_3$ 的光吸收边缘大约位于 550 nm，$ZnIn_2S_4$ 的光吸收边缘大约位于 500 nm，表明 $\alpha-Fe_2O_3$ 和 $ZnIn_2S_4$ 均具有可见光响应性能，能够吸收并利用可见光。二元复合后产生的 $\alpha-Fe_2O_3$@20% $ZnIn_2S_4$ 的光吸收性能发生了一些变化，在光吸收强度上略微优于纯 $ZnIn_2S_4$ 纳米片而略低于纯 $\alpha-Fe_2O_3$，光吸收边缘相较于纯 $ZnIn_2S_4$ 和纯 $\alpha-Fe_2O_3$ 更大，表明两者的复合对于样品的光吸收存在正面影响，这可能是分级核壳结构的构建导致的。

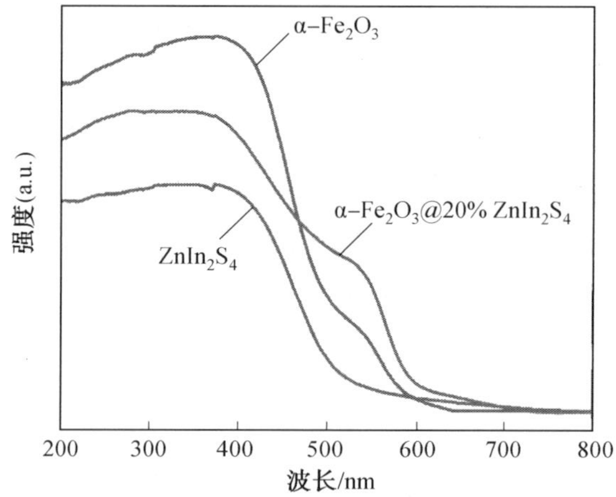

图 5.7 制备的样品的紫外-可见漫反射光谱

光生载流子的转移方式以及分离是影响光催化材料光催化活性的重要内部因素，探索光催化剂的光生电子转移和分离是研究光催化材料产生活性机理的必要一环。电化学阻抗和瞬态光电流强度可以反映光催化材料的界面电荷转移和分离效率。小的电化学阻抗半径和高光电流响应强度通常对应于优秀的光生载流子分离效率。如图 5.8(a)所示，不同组成的样品展现出了不同大小的电化学阻抗半径，值得注意的是，相较于纯 $\alpha-Fe_2O_3$ 和 $ZnIn_2S_4$，$\alpha-Fe_2O_3$@20% $ZnIn_2S_4$ 的电化学阻抗半径更小，表明 $\alpha-Fe_2O_3$@20% $ZnIn_2S_4$ 的光生电子的分离和传输方式发生变化，进而具有更高的载流子分离效率，两种组分界面之间的电荷转移机理可以有效抑制光生电子的复合。此外图 5.8(b)中的瞬态光电流响应结果能够与电化学阻抗的结果相呼应，$\alpha-Fe_2O_3$@20% $ZnIn_2S_4$ 的瞬态光电流响应强度

相较于纯 α-Fe_2O_3 和 $ZnIn_2S_4$ 得到了较为明显的提高，进一步证明了相较于其他所制备的样品，α-Fe_2O_3@20% $ZnIn_2S_4$ 具有更高的电荷分离效率。

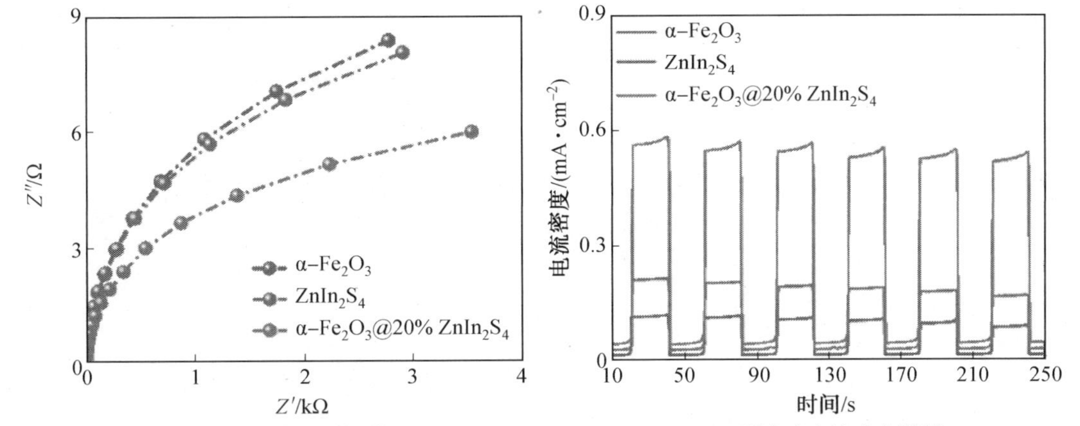

(a) 电化学阻抗谱　(b) 瞬态光电流响应谱图

图 5.8　所制备样品的电化学阻抗谱和瞬态光电流响应谱图（彩图见附录）

此外，利用稳态 PL 光谱和时间分辨 PL 光谱进一步验证了所制备样品的光生载流子分离效率。如图 5.9(a)所示，不同样品的稳态 PL 光谱展现出了不同的 PL 强度，随着不同成分的复合样品的稳态 PL 强度而降低，低的 PL 强度往往对应着优秀的光生电子分离效率。与纯 α-Fe_2O_3 和 $ZnIn_2S_4$ 稳态 PL 强度进行对比，α-Fe_2O_3@20% $ZnIn_2S_4$ 的 PL 强度明显降低，表明其电荷分离效率最高。此外，对 α-Fe_2O_3 和 α-Fe_2O_3@20% $ZnIn_2S_4$ 两种样品进行了时间分辨 PL 光谱测试，如图 5.9(b)所示，并且 α-Fe_2O_3 和 α-Fe_2O_3@20% $ZnIn_2S_4$ 的电子寿命由公式 $\tau=(B_1\tau_1^2+B_2\tau_2^2)/(B_1\tau_1+B_2\tau_2)$ 计算，分别为 2.28 ns 和 3.02 ns。相比之下 α-Fe_2O_3@20% $ZnIn_2S_4$ 具有更高的电子寿命，这意味着催化剂被光激发后经过电荷分离和转移过程产生的电子存在的时间更长，表明 α-Fe_2O_3@20% $ZnIn_2S_4$ 的电荷复合受到抑制。

确定光催化材料的导带和价带能级位置是探索其光催化机理的基本条件，通过转换 Kubelka-Munk 函数与光子能量的关系图确定了纯 $ZnIn_2S_4$ 和纯 α-Fe_2O_3 在光激发下的发生电子跃迁后的禁带宽度。如图 5.10(a)所示，纯 $ZnIn_2S_4$ 和纯 α-Fe_2O_3 禁带宽度分别确定约为 2.43 eV 和 2.23 eV。此外，通过 XPS 价带谱对纯 $ZnIn_2S_4$ 和纯 α-Fe_2O_3 的价带能级位置进行了探索。从图 5.10(b)的 VB-XPS 谱图可以看出，α-Fe_2O_3和 $ZnIn_2S_4$ 的价带能级分别位于 2.41 eV 和 1.56 eV。进而通过确定的带隙和价带位置，根据半导体能级公式 $E_{VB}=E_g-E_{CB}$推导出 α-Fe_2O_3和 $ZnIn_2S_4$ 的导带能级分别为 0.18 eV 和-0.87 eV，从而确定了光激发后 α-Fe_2O_3和 $ZnIn_2S_4$ 的能带结构。

通过检测半导体的莫特-肖特基曲线能够得到半导体的平带电势，进而对半导体的

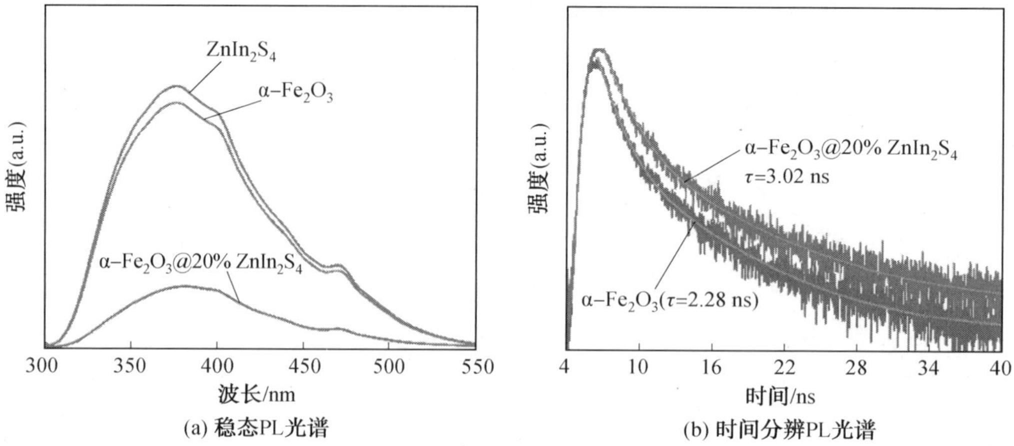

图 5.9 所制备样品的稳态 PL 光谱和时间分辨 PL 光谱

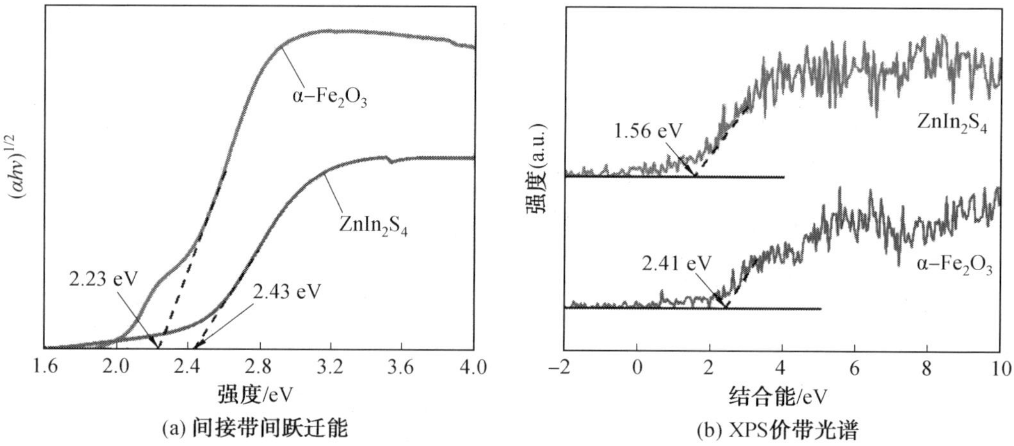

图 5.10 $\alpha-Fe_2O_3$ 和 $ZnIn_2S_4$ 的间接带间跃迁能和 XPS 价带光谱

导带能级位置进行推测,同时根据对莫特-肖特基曲线作切线,得到切线的斜率的正负从而判断半导体的类型。$\alpha-Fe_2O_3$ 和 $ZnIn_2S_4$ 在不同频率下的莫特-肖特基曲线结果如图 5.11 所示,根据两者得到的平带电势推测出两者的导带能级与先前推算出的导带能级位置相似,进一步确认了 $\alpha-Fe_2O_3$ 和 $ZnIn_2S_4$ 的能带结构。此外,$\alpha-Fe_2O_3$ 和 $ZnIn_2S_4$ 的莫特-肖特基曲线的切线斜率均为正值,意味着 $\alpha-Fe_2O_3$ 和 $ZnIn_2S_4$ 均为 n 型半导体。

基于对光激发后 $\alpha-Fe_2O_3$ 和 $ZnIn_2S_4$ 的能带结构的确定,与图 5.12 中对 $\alpha-Fe_2O_3$ 和 $ZnIn_2S_4$ 的能级结构进行了绘制,并对可能在两者间的电荷转移方式进行了推测。如图 5.12 所示,可见光激发后 $\alpha-Fe_2O_3$和 $ZnIn_2S_4$ 的光生电子分别于 2.41 eV 和 1.56 eV 的价带向位于 0.18 eV 和-0.87 eV 的导带跃迁,电子分离至导带能级,并在价带能级产生了光生空穴,基于两者之间的界面接触以及能带能级不同而发生电荷转移。根据 UV-Vis

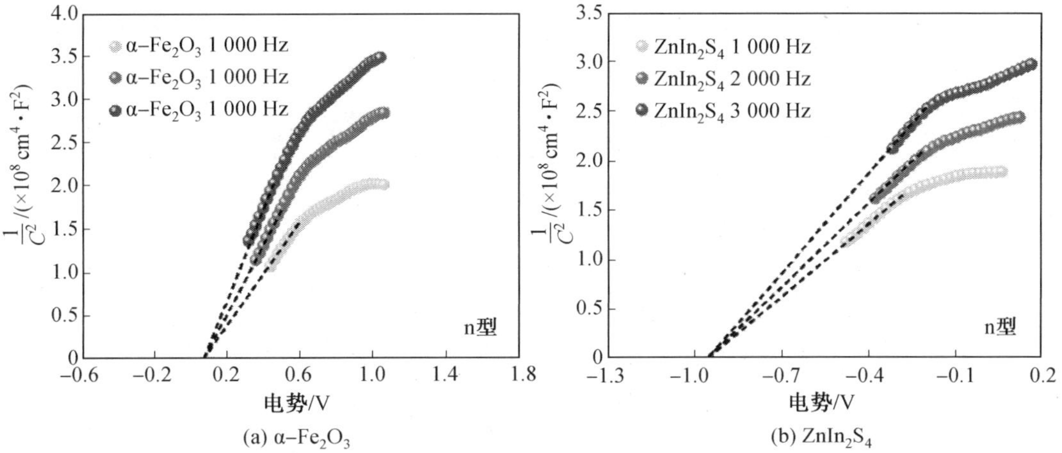

图 5.11　α−Fe_2O_3 和 $ZnIn_2S_4$ 的莫特−肖特基曲线(彩图见附录)

DRS 和 VB−XPS 得到的样品的能带结构,推测 α−Fe_2O_3 和 $ZnIn_2S_4$ 界面之间产生的异质结也就是电荷转移方式应该是传统的Ⅱ型异质结。在传统的Ⅱ型异质结中,$ZnIn_2S_4$ 经过可见光激发产生的电子转移到能级电势较低的 α−Fe_2O_3 导带,而 α−Fe_2O_3 价带经过可见光激发产生的空穴转移到能级电势较高的 α−Fe_2O_3 价带。但由于能带能级的限制,$ZnIn_2S_4$ 的光生电子向 α−Fe_2O_3 的导带转移后,α−Fe_2O_3 的导带能级电势不能满足反应体系中的 O_2 转化成 · O_2^- 的热力学要求,同时 α−Fe_2O_3 价带的光生空穴向 $ZnIn_2S_4$的价带转移后 $ZnIn_2S_4$ 的价带能级电势也不能满足反应体系中的 OH^-转化为 · OH 的热力学要求,但是 α−Fe_2O_3@20% $ZnIn_2S_4$ 光降解双酚 A 依靠的就是反应过程中转换的活性物质,所以 α−Fe_2O_3@20% $ZnIn_2S_4$ 的电荷传输机理为Ⅱ类异质结的可能性不大,对其电荷转移方式需要进一步探索。

因此,通过使用扫描开尔文探针(SKP)技术检测并计算 α−Fe_2O_3 和 $ZnIn_2S_4$ 的费米能级,作为进一步研究两种材料之间的界面电荷转移机理的基础。在图 5.13(a)中,α−Fe_2O_3 和 $ZnIn_2S_4$ 的平均接触电势差分别为 560 mV 和 −130 mV。因此,α−Fe_2O_3 和 $ZnIn_2S_4$ 的功函数(WF)分别计算为5.66 eV 和4.97 eV,这意味着 α−Fe_2O_3 具有较高的功函数对应着低的费米能级,而 $ZnIn_2S_4$ 具有较低的功函数对应着高的费米能级。α−Fe_2O_3 和 $ZnIn_2S_4$ 的费米能级结构示意图如图 5.13(b)所示,因为 α−Fe_2O_3 和 $ZnIn_2S_4$ 费米能级存在差异,所以在两者界面之间会自发地平衡两者的费米能级。在平衡费米能级的过程中,由于 $ZnIn_2S_4$ 的费米能级较高,所以其电子会自发地向 α−Fe_2O_3 转移,从而达到双方费米能级的平衡,这样的电子转移方向与 α−Fe_2O_3@20% $ZnIn_2S_4$ 根据 XPS 的结果表现出的电荷转移方向一致。

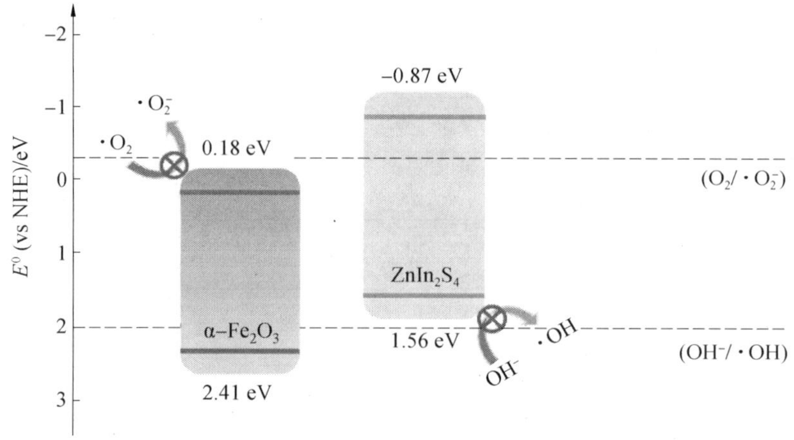

图 5.12　α−Fe_2O_3 和 $ZnIn_2S_4$ 接触前的能带结构

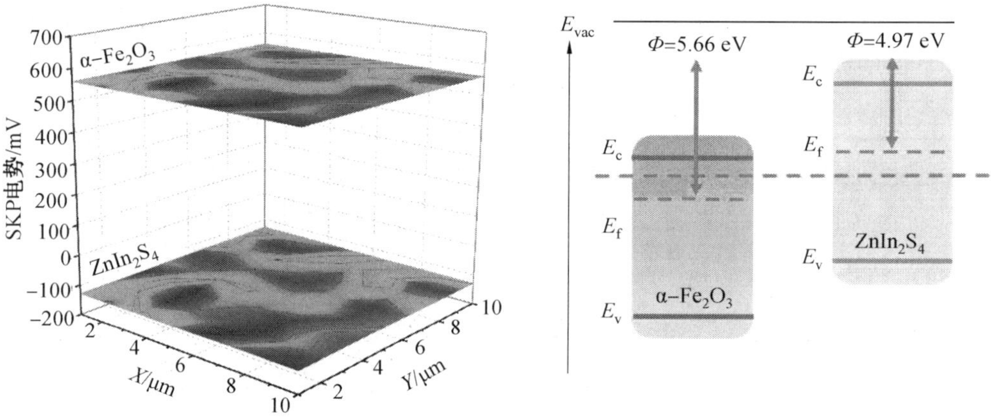

(a) 扫描开尔文探针　(b) 费米能级结构

图 5.13　α−Fe_2O_3 和 $ZnIn_2S_4$ 的扫描开尔文探针和费米能级(彩图见附录)

5.3.6　体系中的活性物质及光催化反应机理

反应过程中产生的 · OH、· O_2^-、h^+等反应性活性基团能够大量且有效的产出是有效降解有机污染物的根本原因。由于其氧化还原电势能够实现污染物的有效去除,所以探索反应过程中产出的活性物质种类是必要的。所设计的最终体系光催化降解双酚 A 的过程中产生的活性基团种类通过在反应过程中加入自由基猝灭剂的方法来进行确定。在相同的条件下利用 α−Fe_2O_3@20% $ZnIn_2S_4$ 对双酚 A 进行降解实验,在反应过程中分别加入苯醌(BQ)、EDTA−2Na 和叔丁醇(TBA)作为自由基猝灭剂分别用于猝灭 · O_2^-、h^+和 · OH,猝灭剂的加入能够有效地对对应的自由基进行猝灭,从而通过观察最终的降解效果来确定目标自由基对反应的影响。结果如图 5.14 所示，加入 EDTA-2Na 后，$\alpha-Fe_2O_3$@20% $ZnIn_2S_4$对双酚 A 的降解率基本未发生变化，这意味着 h^+对 $\alpha-Fe_2O_3$@20% $ZnIn_2S_4$的光催化活性影响很小。此外，添加 TBA 后 $\alpha-Fe_2O_3$@20% $ZnIn_2S_4$ 对降解率相较于无猝灭剂添加时下降了 31.2%，说明 · OH 对 $\alpha-Fe_2O_3$@20% $ZnIn_2S_4$ 对双酚 A 的反应存在一定的影响，但并不占据主要地位。值得注意的是，向反应体系中加入 BQ 后 $\alpha-Fe_2O_3$@20% $ZnIn_2S_4$ 对双酚 A 的降解率明显下降，而 BQ 主要能够对 · O_2^- 进行猝灭。这一结果表明，· O_2^- 是 $\alpha-Fe_2O_3$@20% $ZnIn_2S_4$ 光催化过程中产生的活性基团中作为主导地位的活性基团，综合 3 次自由基猝灭实验的结果，反应过程中产生的活性基团的主次顺序为 · O_2^-、· OH、h^+。

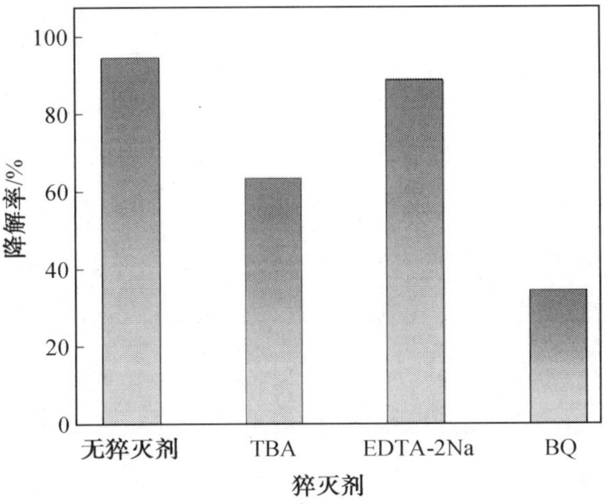

图 5.14　添加不同猝灭剂(BQ、EDTA-2Na 和 TBA)的 $\alpha-Fe_2O_3$@20% $ZnIn_2S_4$ 的双酚 A 光催化降解率

通过 DMPO-ESR 自旋自由基捕获光谱对 $\alpha-Fe_2O_3$、$ZnIn_2S_4$ 和 $\alpha-Fe_2O_3$@20% $ZnIn_2S_4$ 产生的羟基自由基和超氧自由基进行了进一步的验证，结果如图 5.15 所示，在黑暗条件下样品均未检测到明显的自由基信号。· OH 的 ESR 捕获结果如图5.15(a)所示，纯 $\alpha-Fe_2O_3$ 在光照条件下捕获到了 · OH 典型的 1：2：2：1 的信号，意味着光照条件下有 · OH 的产出，而纯 $ZnIn_2S_4$ 光照条件下并未检测到 · OH 的信号，这是由于其价带能级不能满足 · OH 产生的热力学要求。同理在图 5.15(b)中，纯 $ZnIn_2S_4$ 在光照条件下捕获到了 · O_2^- 的典型信号，而纯 $\alpha-Fe_2O_3$ 并未检测到 · O_2^- 的信号，这是由于其导带能级不能满足 · O_2^- 产生的热力学要求。值得注意的是，在光照条件下 $\alpha-Fe_2O_3$@20% $ZnIn_2S_4$ 同时捕获到了 · O_2^- 和 · OH 的明显信号，并具有更强的信号强度，表明 · O_2^- 和 · OH 的同时

产生。这样的结果意味着在 $\alpha-Fe_2O_3$@20% $ZnIn_2S_4$ 经光照后通过特殊的电荷传输方式使 $\alpha-Fe_2O_3$ 价带的空穴和 $ZnIn_2S_4$ 导带的电子得以保留，进而实现 $\cdot O_2^-$ 和 $\cdot OH$ 的同时产生。

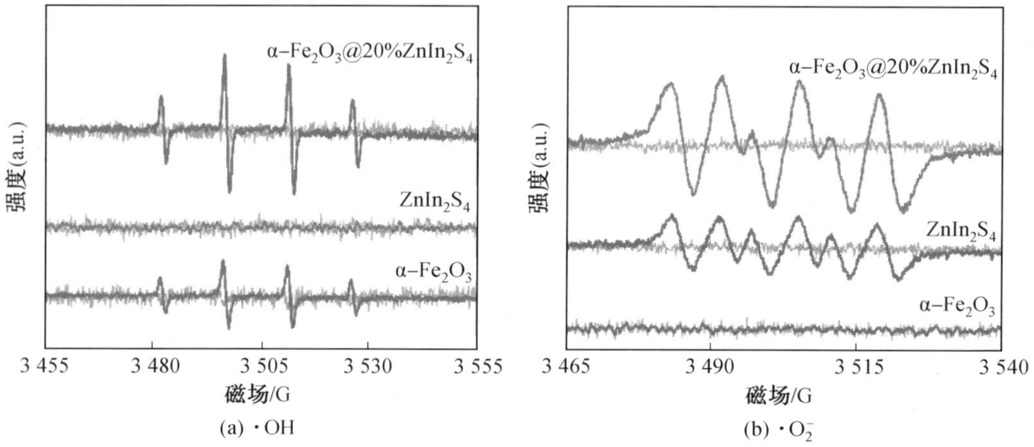

图 5.15 $\alpha-Fe_2O_3$、$ZnIn_2S_4$、$\alpha-Fe_2O_3$@20% $ZnIn_2S_4$ 的 $\cdot OH$ 和 $\cdot O_2^-$ ESR 光谱（彩图见附录）

因此根据先前费米能级结构的结果，提出了 $\alpha-Fe_2O_3$@20% $ZnIn_2S_4$ 界面内部新的阶梯型异质结电荷传输机制，如图 5.16 所示。$\alpha-Fe_2O_3$ 和 $ZnIn_2S_4$ 界面接触形成异质结后，基于两侧费米能级的差异，材料表面的电子倾向于从费米能级较高的 $ZnIn_2S_4$ 表面转移到具有费米能级较低的 $\alpha-Fe_2O_3$ 表面以达到费米能级平衡。此外，$ZnIn_2S_4$ 电子的损失导致其能带边缘向上弯曲，使其在两者的接触界面处带正电，$\alpha-Fe_2O_3$ 捕获从 $ZnIn_2S_4$ 转移过来的电子使其能带边缘向下弯曲并在两者接触界面处带负电，从而在 $\alpha-Fe_2O_3$ 和 $ZnIn_2S_4$ 的接触界面之间建立了相反方向的内置电场。因此，提出了一种新的光激发后 $\alpha-Fe_2O_3$@20% $ZnIn_2S_4$ 的阶梯型（S 型）电荷转移机理。光激发后，$\alpha-Fe_2O_3$ 和 $ZnIn_2S_4$ 的光生载流子分别在其导带和价带上分离。由于两者接触界面间反向内建电场的存在，$\alpha-Fe_2O_3$ 的光生电子趋向于向带正电的 $ZnIn_2S_4$ 界面移动，同时 $ZnIn_2S_4$ 的空穴倾向于向带负电的 $\alpha-Fe_2O_3$ 界面移动，进而两者无用的光生电子和空穴在反向内建电场的驱动力下迁移复合，从而实现了 S 型电荷分离。因此，$\alpha-Fe_2O_3$ 和 $ZnIn_2S_4$ 的光生载流子的复合被分别抑制，$\alpha-Fe_2O_3$ 的价带上有价值的空穴和 $ZnIn_2S_4$ 的导带上有价值的光生电子被保留，从而产生大量的活性基团。这也解释了在 ESR 光谱中 $\cdot O_2^-$ 和 $\cdot OH$ 的同时产生。

基于对上述结果的讨论和分析，提出了 $\alpha-Fe_2O_3$@20% $ZnIn_2S_4$ 的催化机理，如图 5.17所示。$\alpha-Fe_2O_3$@20% $ZnIn_2S_4$ 所具有的分级核壳结构可以有效缩短光生电子的迁移路径，增加入射光的折射和散射，实现了可见光的有效利用，同时这种结构也具有比较大的比表面积，大比表面积可以暴露更多的活性位点，进而促进对污染物的吸附与降解。

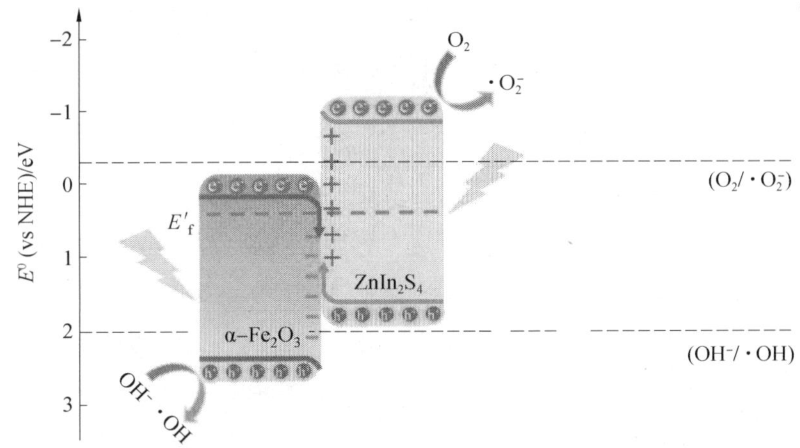

图 5.16 接触后 α-Fe_2O_3@20% $ZnIn_2S_4$ 界面的内建电场、带边弯曲和 S 型电荷转移机制

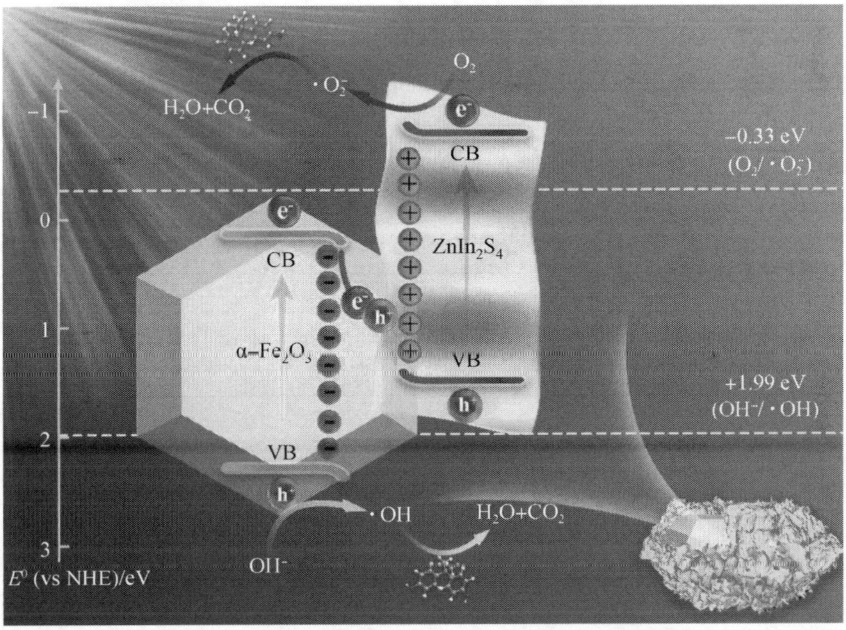

图 5.17 α-Fe_2O_3@20% $ZnIn_2S_4$ 复合材料的可见光驱动 S 型光催化机理示意图

基于费米能级高度的不同以及两者界面之间有效的接触，在 α-Fe_2O_3 和 $ZnIn_2S_4$ 的接触界面之间构建了反向内建电场，α-Fe_2O_3 和 $ZnIn_2S_4$ 无价值的光生电子和空穴在界面之间以反向的内建电场为驱动力快速复合形成 S 型异质结，促使具有还原氧化活性的光生电子和空穴可以实现有效分离并得以保留。长期存在的功能性光生载流子促进大量活性基团的生成，具有降解活性的 $\cdot O_2^-$ 和 $\cdot OH$ 对 BPA 进行攻击从而实现 BPA 的有效矿化。

5.4 本章小结

通过水热法成功制备出 $\alpha-Fe_2O_3$ 十四面体,并通过原位生长的方法在 $\alpha-Fe_2O_3$ 十四面体表面实现 $ZnIn_2S_4$ 纳米片的原位生长,两者之间存在紧密的界面接触,并构建形成分级核壳结构。通过一系列表征手段对所制备的 $\alpha-Fe_2O_3@ZnIn_2S_4$ 复合材料进行测试,并且得到了其基本的物理、化学性质,证明两种组分成功复合,分级核壳结构的构建增加了样品的比表面积,两种材料的复合使光吸收能力得到了增强,并且促进了材料的光生电子分离。设计并实践了 $\alpha-Fe_2O_3@ZnIn_2S_4$ S 型光催化体系,并将难降解有机污染物双酚 A 作为目标污染物检测其催化活性,结果表明最终催化体系成功实现双酚 A 的有效降解,320 min的反应过后双酚 A 的降解率达到 94.7%。同时,对影响光催化活性的因素进行了探索,提出了 $\alpha-Fe_2O_3@ZnIn_2S_4$ 的催化反应机理,$\alpha-Fe_2O_3$ 和 $ZnIn_2S_4$ 基于界面间的紧密接触以及费米能级的差异在界面间产生反向的内建电场形成 S 型异质结,S 型的电荷传输方式展现出强大的光生电子分离,产生的大量的 $\cdot OH$ 和 $\cdot O_2^-$ 是降解双酚 A 的关键,提供了有效的新型光催化体系的构建策略。

第 6 章 α-Fe_2O_3@$ZnIn_2S_4$/Ti_3C_2 QDs S 型异质结/肖特基结双异质结体系构建及光催化性能研究

6.1 引 言

第 5 章中构建的具有 S 型异质结的 α-Fe_2O_3@$ZnIn_2S_4$ 光催化体系对双酚 A 的光降解去除率虽然达到了预计的效果，但是其降解速率较为缓慢，所以在本章中向 α-Fe_2O_3@$ZnIn_2S_4$ 体系中引入 MXene Ti_3C_2 QDs 以提高对双酚 A 的降解速率。虽然 S 型异质结的构建提高了电荷分离的效率，但也需要寻求进一步抑制载流子复合的方法。进行异质结串联是近年来广泛使用的一种策略。在半导体与贵金属界面之间形成肖特基结，可以有效控制光生电子的转移。肖特基结可以作为电子陷阱，促进电子从半导体转移到贵金属，由此产生的肖特基势垒可以抑制电子从贵金属回流。为了进一步改善 S 型异质结的电荷分离，串联肖特基结是一个不错的选择，但从成本考虑需要寻找贵金属的替代品。新兴的二维过渡金属碳化物、氮化物或碳氮化物-MXenes 因其出色的化学耐久性、卓越的金属导电性和独特的表面化学性质而越来越受欢迎。基于 Ti_3C_2 MXene 优异的金属导电性，可以在与半导体的界面之间构建肖特基结，并且 Ti_3C_2 MXene 的暴露金属位点可以提供高氧化还原反应性。此外，与二维 Ti_3C_2 MXene 相比，零维 Ti_3C_2 MXene 量子点（Ti_3C_2 QDs）在光催化方面具有更多优势。小尺寸量子点显示出较大的比表面积，更丰富的活性边缘位点，并且量子限制和表面效应有利于光催化过程。引入 Ti_3C_2QDs 构建 S 型异质结/肖特基结串联体系是可行的，串联双异质结是进一步提高载流子分离效率的有效策略。

本章通过水热法和原位生长法成功合成了 α-Fe_2O_3@$ZnIn_2S_4$/Ti_3C_2 QDs 材料，并构建了 S 型异质结/肖特基结双异质结体系。在 α-Fe_2O_3@$ZnIn_2S_4$ 具有的 S 型异质结的基础上，Ti_3C_2 QDs 的引入形成了 S 型异质结/肖特基结双异质结体系，产生高效的光生载流子分离。对合成后的 α-Fe_2O_3@$ZnIn_2S_4$/Ti_3C_2 QDs 异质结进行综合表征，以验证其独特的结构，并通过双酚 A 的光催化降解来评估可见光驱动能力。此外，还提出了可见光驱动的 S 型异质结/肖特基结双异质结体系（α-Fe_2O_3@$ZnIn_2S_4$/Ti_3C_2 QDs）的电荷传输路径和降解机理。

6.2 实验部分

6.2.1 α-Fe_2O_3@$ZnIn_2S_4$ 材料的合成

将 0.2 g 四水合氯化亚铁加到 60 mL 去离子水中以形成均匀溶液。然后，在剧烈搅拌的同时，将 10 mL NaOH 水溶液（1 mol/L）滴加到上述溶液中，滴加速度约为 5 mL/h，在滴加过程中可以观察到沉淀逐渐产生。将所得混合溶液转移到衬有聚四氟乙烯的高压釜中并在 200 ℃下加热 12 h。自然冷却后，将固体产物离心并用去离子水洗涤数次。然后将其置于烘箱中在 80 ℃下干燥 6 h，得到 α-Fe_2O_3 十四面体。随后，将 0.3 g α-Fe_2O_3 十四面体、4 mL 丙三醇和 50 mL 去离子水添加到 150 mL 三颈烧瓶中并搅拌 30 min 以形成混合溶液 A。将 0.136 g 二氯化锌、0.44 g 四水合三氯化铟和 0.33 g 硫代乙酰胺依次溶解在 40 mL 去离子水中，记为混合溶液 B。将混合溶液 A 加入混合溶液 B 中，并置于 80 ℃油浴中搅拌 3 h。然后，将粉末真空过滤并用乙醇冲洗，最后在 60 ℃下真空干燥过夜，得到了 α-Fe_2O_3@$ZnIn_2S_4$ 分级核壳结构。

6.2.2 MXene Ti_3C_2 QDs 材料的合成

通过水热反应合成了 MXene Ti_3C_2 QDs。先将 2.5 g Ti_3AlC_2 前驱体粉末分散在 40 mL体积分数为 48% 的氢氟酸中并持续搅拌 20 h，目的是从 Ti_3AlC_2 中去除铝元素。将获得的 Ti_3C_2 MXene 粉末用 DI 水冲洗 3 次，离心收集粉末并真空干燥 12 h。在超声波辅助和 N_2 气氛下，将 0.5 g MXene Ti_3C_2 粉末分散在 60 mL 去离子水中。10 min 后，用氨水溶液将上述混合溶液的 pH 调至 6，然后将混合物转移到 100 mL 特氟龙衬里的高压釜中，在 100 ℃的烘箱中保持 6 h。冷却至室温后，MXene Ti_3C_2 QDs 可以通过 0.22 μm 滤膜过滤混合物，然后在减压条件下使用旋转蒸发器冷凝回收 MXene Ti_3C_2 QDs。

6.2.3　$\alpha-Fe_2O_3$@$ZnIn_2S_4/Ti_3C_2$ QDs 材料的合成

将 0.03 g MXene Ti_3C_2 QDs 加到 30 mL 去离子水中并进行超声处理 15 min，从而形成 MXene Ti_3C_2 QDs 的均匀悬浮液。然后，在剧烈搅拌下将 0.3 g $\alpha-Fe_2O_3$@$ZnIn_2S_4$ 粉末添加到上述悬浮液中，并将该混合悬浊液转移到 100 mL 内衬特氟龙的高压釜中，在 120 ℃的烘箱中保持 3 h。最后，将得到的粉末用去离子水反复洗涤以消除过多的量子点，并在 50 ℃真空下干燥。为了进行比较，在没有 $ZnIn_2S_4$ 的情况下，在相同的前提条件下制备了 $\alpha-Fe_2O_3/Ti_3C_2$ QDs。

6.2.4　光催化降解双酚 A 实验

所制备样品的光催化性能测试通过在模拟太阳光条件下降解环境激素类物质双酚 A 来实现。实验中所用的模拟太阳光光源为 150 W/cm 的氙灯，加紫外滤光片，保留波长大于 420 nm 的可见光。以双酚 A 水溶液作为目标降解溶液，双酚 A 质量浓度为 20 mg/L，溶液体积为 100 mL，催化剂用量为 30 mg。光催化反应过程中，反应体系处于持续冷却水循环装置中，以避免长时间光照带来的溶液升温而影响催化结果。在光照开始之前，先将反应溶液置于暗处搅拌 30 min 进行暗反应，从而达到催化剂对污染物的吸附平衡，此后，在光照期间每 15 min 取一定体积的水样，经过 0.25 μm 滤膜过滤后，利用高效液相色谱仪进行分析，以测定污染物在光催化反应过程中的浓度变化，最终计算催化剂对污染物的降解率。

6.3　结果与讨论

6.3.1　样品的 XRD 分析

利用 X 射线衍射（XRD）对样品的晶体结构进行测试。前驱体 Ti_3AlC_2、中间体 Ti_3C_2 纳米片和成品 Ti_3C_2 QDs 的 XRD 衍射峰比较如图 6.1（a）所示。前驱体 Ti_3AlC_2 的 XRD 衍射峰可以对应标准卡片 JCPDS52-0875。经过 HF 刻蚀处理后，Ti_3C_2 纳米片在 $2\theta=39.0°$处的强衍射峰消失，（002）、（004）、（006）、（110）晶面的衍射峰得以保留，说明 Ti_3AlC_2 中的铝元素被消除，Ti_3AlC_2 完全转化为中间体 Ti_3C_2 纳米片。Ti_3C_2 QDs 的 XRD

谱图的衍射峰强度明显弱于 Ti_3C_2 纳米片，不同晶面对应的衍射峰也得以保留，表明其物相没有发生明显变化。较低的衍射峰强度可能归因于形态的变化。如图 6.1(b)所示，纯 $\alpha-Fe_2O_3$ 在 24.2°、33.2°、35.8°、40.9°、49.4°、54.0°、57.6°、62.5°和 64.1°处具有强衍射峰，这分别对应于赤铁矿相的(012)、(104)、(110)、(113)、(024)、(116)、(018)、(214)和(300)晶面，可以通过标准谱图索引到 $\alpha-Fe_2O_3$(JCPDS33-0664)。$ZnIn_2S_4$ 的 XRD 谱图在 21.6°、27.7°、47.2°、52.4°和 55.6°处有明显的衍射峰，可对应其(006)、(102)、(110)、(116)和(022)晶面，说明得到的 $ZnIn_2S_4$ 为六方晶系，对应标准卡片 JCPDS65-2023。3 种复合样品的 XRD 谱图所检测到的衍射峰型均呈现出相似的趋势，均以 $\alpha-Fe_2O_3$ 的晶相为主体，说明其他材料的引入并未影响 $\alpha-Fe_2O_3$ 的晶体结构。在 $\alpha-Fe_2O_3$@$ZnIn_2S_4$ 和 $\alpha-Fe_2O_3$@$ZnIn_2S_4/Ti_3C_2$ QDs 的 XRD 图中不仅观察到 $\alpha-Fe_2O_3$ 的主要衍射峰，并且对应于 $ZnIn_2S_4$ 的(102)和(110)晶面的衍射峰也出现在 27.7°和 47.2°附近，表明 $\alpha-Fe_2O_3$ 和 $ZnIn_2S_4$ 复合成功。衍射峰的位置发生轻微偏移可归因于两种材料界面之间的相互作用。在 $\alpha-Fe_2O_3/Ti_3C_2$ QDs 和 $\alpha-Fe_2O_3$@$ZnIn_2S_4/Ti_3C_2$ QDs 的 XRD 谱图中没有观察到属于 Ti_3C_2 QDs 的衍射峰，这可能是由 Ti_3C_2 QDs 的用量太小以及衍射峰强度太低导致的，Ti_3C_2 QDs 的存在与否需要通过其他表征手段进一步证实。

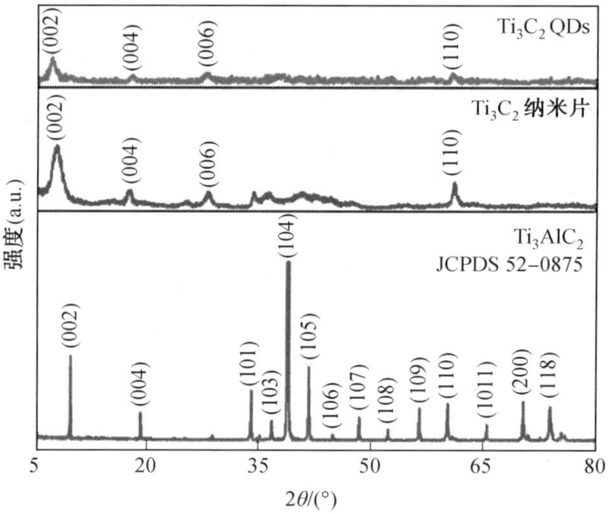

(a)

图 6.1 Ti_3AlC_2、Ti_3C_2 纳米片、Ti_3C_2 QDs 的 XRD 谱图以及 $\alpha-Fe_2O_3$、$ZnIn_2S_4$、$\alpha-Fe_2O_3/Ti_3C_2$ QDs、$\alpha-Fe_2O_3$@$ZnIn_2S_4$ 和 $\alpha-Fe_2O_3$@$ZnIn_2S_4/Ti_3C_2$ QDs 的 XRD 谱图

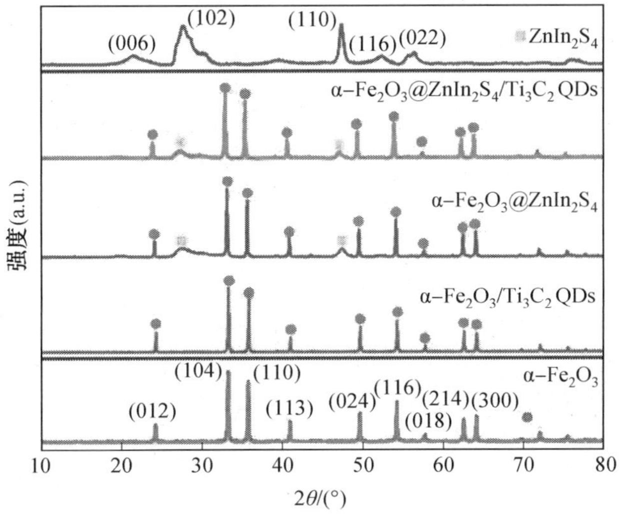

(b)

续图 6.1

6.3.2 样品的 XPS 分析

通过 X 射线光电子能谱(XPS)和原位辐照 X 射线光电子能谱(ISI-XPS)探索所制备样品的表面元素化学状态和电荷迁移方向。α-Fe_2O_3@$ZnIn_2S_4$/Ti_3C_2 QDs 的全元素 ISI-XPS 光谱如图 6.2(a)所示,α-Fe_2O_3@$ZnIn_2S_4$/Ti_3C_2 QDs 的表面主要元素是 Fe、O、S、In、Zn、Ti 和 C。从图 6.2(b)可以看出,在 α-Fe_2O_3 的 XPS 光谱 Fe 2p 轨道上可以观察到四个不同的特征峰,它们分别位于 709.9 eV、718.2 eV、723.5 eV 和 731.9 eV,分别对应于 Fe $2p_{3/2}$、Fe $2p_{1/2}$和 Fe。α-Fe_2O_3@$ZnIn_2S_4$/Ti_3C_2 QDs 的 ISI-XPS Fe 2p 轨道与 α-Fe_2O_3 有相同的 4 个峰,值得注意的是,α-Fe_2O_3@$ZnIn_2S_4$/Ti_3C_2 QDs 各自的峰位置相对于 α-Fe_2O_3 的位置向更正的方向偏移,说明在不同组分之间存在较强的相互作用。

另外,元素的结合能与材料表面的电子数成反比,结合能的增减意味着复合样品中 α-Fe_2O_3表面的电子浓度变低/更高,这样的结果意味着 α-Fe_2O_3 的光生电子流失。在图 6.2(c)中,O 1s 的 ISI-XPS 光谱可分为 3 个单峰。主峰为 529.8 eV,能够分配给表面晶格氧。位于 531.7 eV 和 533.2 eV 的特征峰分别归因于羟基物质的氧和表面吸附的氧物质。S 元素是 $ZnIn_2S_4$ 的重要组成元素之一。在图 6.2(d)中,纯 $ZnIn_2S_4$ 的 S 2p 轨道可以在 161.9 eV 和 163.2 eV 处卷积出两个明显的特征峰,分别对应于 S $2p_{3/2}$和 S $2p_{1/2}$,表明该元素在 $ZnIn_2S_4$ 中以 S 的形式存在。值得注意的是,α-Fe_2O_3@$ZnIn_2S_4$/Ti_3C_2 QDs 在光照下 S 元素结合能的移动方向也是正向偏移,这意味着 $ZnIn_2S_4$ 在 α-Fe_2O_3@$ZnIn_2S_4$/

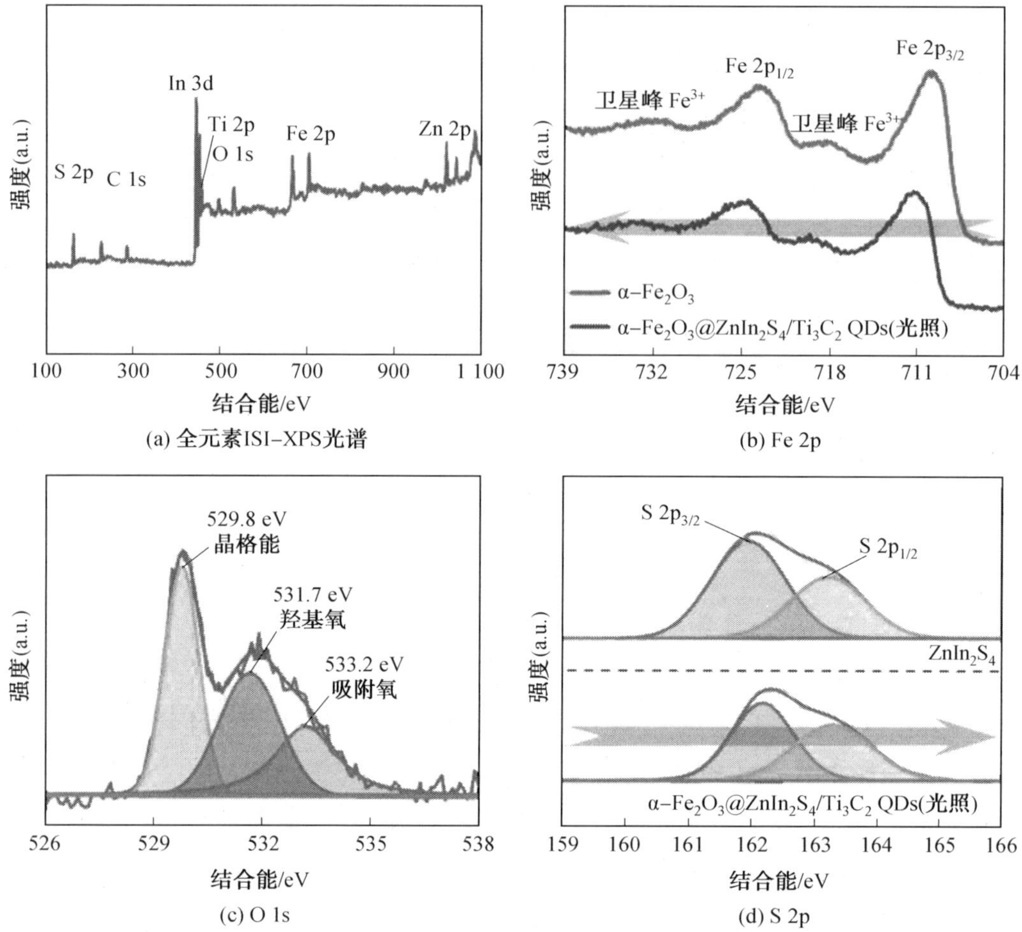

图 6.2 α-Fe_2O_3@$ZnIn_2S_4$/Ti_3C_2 QDs 的全元素以及 Fe 2p、O 1s、S 2p 的 ISI-XPS 光谱(彩图见附录)

Ti_3C_2 QDs 中失去了电子。

如图6.3(a)和6.3(b)所示,$ZnIn_2S_4$ 的 In 3d 和 Zn 2p 轨道分别具有两个不同的特征峰。结合能 452.4 eV 和 444.8 eV 分别对应 In $3d_{3/2}$和 In $3d_{5/2}$,1 045.3 eV 和 1 022.1 eV 分别对应 Zn $2p_{1/2}$和 Zn $2p_{3/2}$,表明 $ZnIn_2S_4$ 中的 In 元素和 Zn 元素分别以 In^{3+}和 Zn^{2+}的形式存在。特别是 α-Fe_2O_3@$ZnIn_2S_4$/Ti_3C_2 QDs 中 In 3d 和 Zn 2p 特征峰的结合能移动趋势与 S 2p 轨道的结合能变化趋势一致,进一步验证了 α-Fe_2O_3@$ZnIn_2S_4$/Ti_3C_2 QDs 中的 $ZnIn_2S_4$ 在接受光照后是失去电子的状态。从图 6.3(c)可以看出,Ti_3C_2 QDs 的 Ti 2p 轨道可以观察到四个明显的特征峰,分别位于 455.4 eV、458.9 eV、464.5 eV、472.2 eV,分别对应于 Ti $2p_{3/2}$和 Ti $2p_{1/2}$,可以分别分配给 Ti—O、Ti—C 和 Ti—X。复合样品的 Ti 2p ISI-XPS 光谱具有相同的 4 个峰,对应于不同的化学态,它们的结合能与 Ti_3C_2 QDs 相比发生负移,表明其得到电子。α-Fe_2O_3@$ZnIn_2S_4$/Ti_3C_2 QDs 的 C 1s ISI-XPS 光谱如图 6.3

(d)所示。α-Fe_2O_3@$ZnIn_2S_4$/Ti_3C_2 QDs 的 C 1s 光谱可以分为 3 个衍射峰,分别与 C—Ti、C—C 和 C—O 同源。

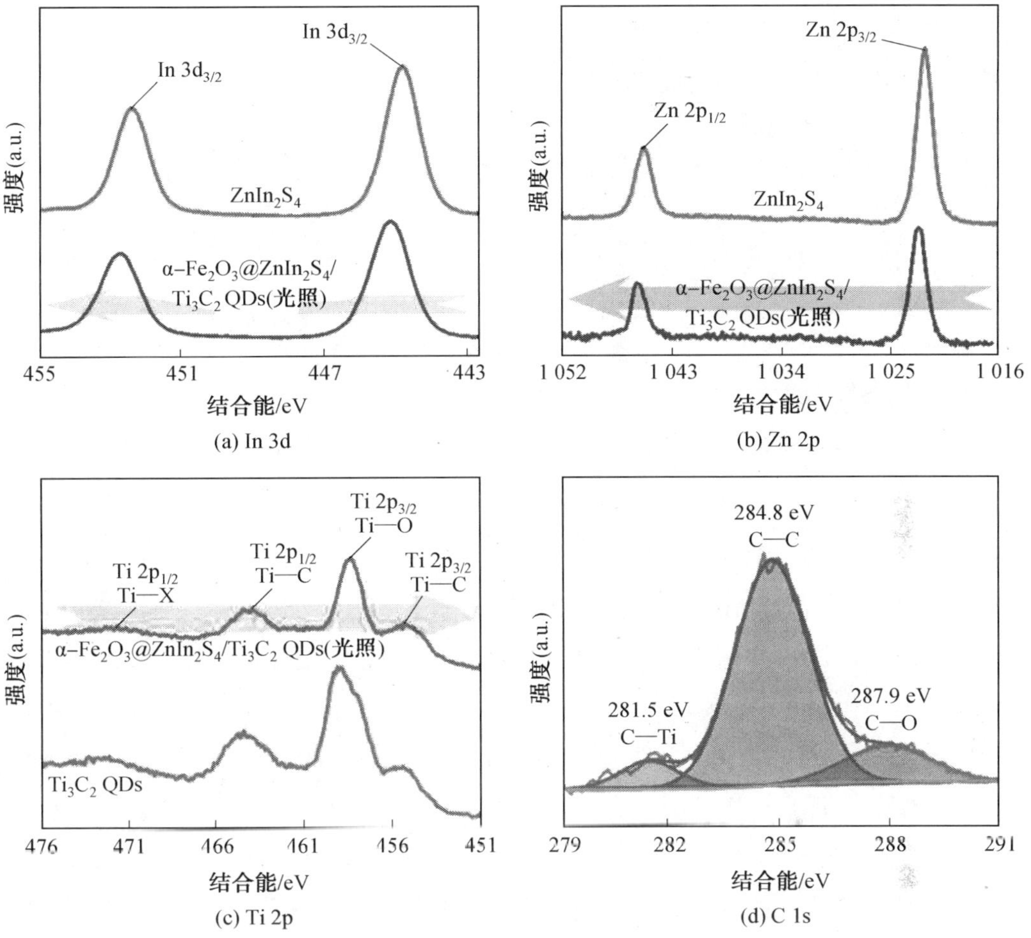

(a) In 3d　(b) Zn 2p　(c) Ti 2p　(d) C 1s

图 6.3　α-Fe_2O_3@$ZnIn_2S_4$/Ti_3C_2 QDs 的 ISI-XPS 光谱(彩图见附录)

综合来看,结合不同样品中不同元素结合能的变化,α-Fe_2O_3@$ZnIn_2S_4$/Ti_3C_2 QDs 中的 α-Fe_2O_3 和 $ZnIn_2S_4$ 失去电子,Ti_3C_2 QDs 获得电子,而 α-Fe_2O_3 仅与 $ZnIn_2S_4$ 发生界面接触,因此光照条件下 α-Fe_2O_3@$ZnIn_2S_4$/Ti_3C_2 QDs 中的电子转移方向为 α-Fe_2O_3 向 $ZnIn_2S_4$ 转移,$ZnIn_2S_4$ 的光生电子向 Ti_3C_2 QDs 转移。

6.3.3　样品的电镜和比表面积分析

通过扫描电子显微镜(SEM)和高分辨率透射电子显微镜(HRTEM)观察所制备的 Ti_3C_2 QDs 和 α-Fe_2O_3@$ZnIn_2S_4$/Ti_3C_2 QDs 的形貌和微观结构。纯 Ti_3C_2 QDs 的形貌是通过 HRTEM 进行观察的,如图 6.4(a)所示。可以清楚地观察到 Ti_3C_2 QDs 具有明显的量子点结构，尺寸均一、分布比较均匀并且具有良好的分散性。此外，在图 6.4(b) 中统计并计算出 Ti_3C_2 QDs 的平均粒径为(6.02±1.06) nm。

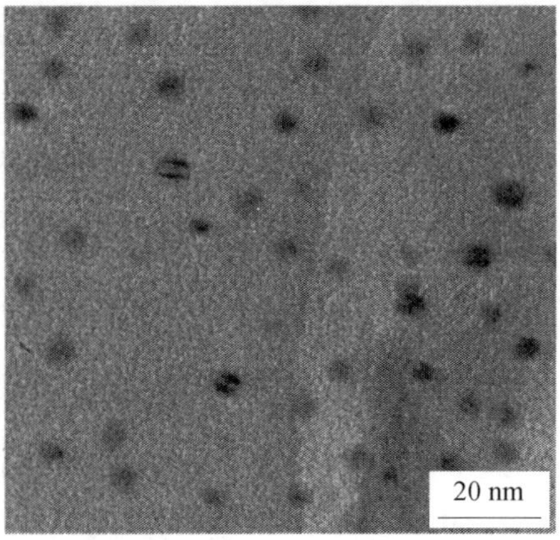

(a) HRTEM图像

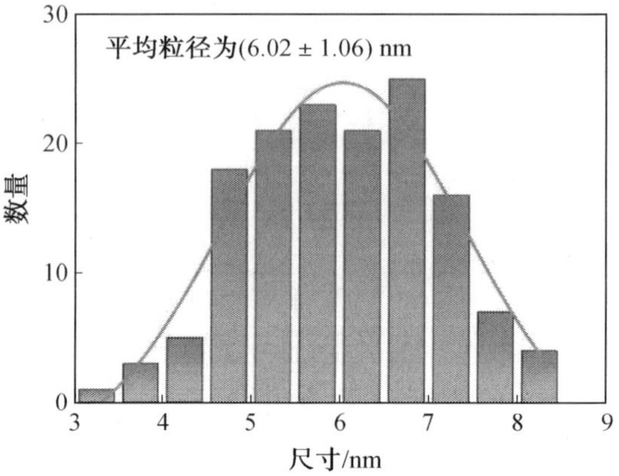

(b) 粒径分布

图 6.4 Ti_3C_2 QDs 的 HRTEM 图像和粒径分布

纯 $\alpha-Fe_2O_3$ 平滑十四面体的形态和 $\alpha-Fe_2O_3$@$ZnIn_2S_4$ 的分级核壳花球微观形态已于第 5 章中通过 SEM 表征被观察到，新制备的 $\alpha-Fe_2O_3/Ti_3C_2$ QDs 和 $\alpha-Fe_2O_3$@$ZnIn_2S_4/Ti_3C_2$ QDs 的 SEM 图像如图 6.5(a) 和(b) 所示。$\alpha-Fe_2O_3/Ti_3C_2$ QDs 的形貌与纯 $\alpha-Fe_2O_3$ 十四面体相比并没有产生明显变化，这是因为 Ti_3C_2 QDs 的尺寸太小而无法在 SEM 中观察到。值得注意的是，$\alpha-Fe_2O_3/Ti_3C_2$ QDs 的 SEM 图像中的十四面体表面变得更粗糙，这可能意味着 Ti_3C_2 QDs 的成功复合。$\alpha-Fe_2O_3$@$ZnIn_2S_4/Ti_3C_2$ QDs 的表面微观形貌如图 6.5(b) 所示，表面的 Ti_3C_2 QDs 由于尺寸太小仍然无法被直观地观察到，$\alpha-Fe_2O_3$@$ZnIn_2S_4/Ti_3C_2$ QDs 和 $\alpha-Fe_2O_3$@$ZnIn_2S_4$ 相比其微观形貌基本未发生变化，为花状微球结构。并没有观察到 $\alpha-Fe_2O_3$ 十四面体明显的六边形轮廓，说明 $ZnIn_2S_4$ 对 $\alpha-Fe_2O_3$ 的包覆是完整均匀的。

利用 TEM 观察了 $\alpha-Fe_2O_3$@$ZnIn_2S_4/Ti_3C_2$ QDs 的内部形态情况，从 $\alpha-Fe_2O_3$@$ZnIn_2S_4/Ti_3C_2$ QDs 的 TEM 图像(图 6.5(c))可以清楚地区分材料内部 $\alpha-Fe_2O_3$ 十四面体的六边形轮廓和外部原位生长的 $ZnIn_2S_4$ 纳米片。内部 $\alpha-Fe_2O_3$ 十四面体为核，原位生长的具有分级结构的 $ZnIn_2S_4$ 纳米片为壳，从而形成分级核壳结构。分级核壳结构可以提供较大的比表面积，增强光的散射，提供更多的活性位点，增强材料对光的利用。由于 $\alpha-Fe_2O_3$@$ZnIn_2S_4/Ti_3C_2$ QDs 的尺寸太大而无法直接观察到明显的 Ti_3C_2 QDs，因此需要使用 HRTEM 来验证 Ti_3C_2 QDs 的存在。如图 6.5(d) 所示，在 $\alpha-Fe_2O_3$@$ZnIn_2S_4/Ti_3C_2$ QD 的 HRTEM 图像中观察到纳米片和量子点的复合轮廓，0.328 nm 和 0.259 nm 分别对应于 $ZnIn_2S_4$(102) 晶面的晶格间距和 Ti_3C_2 QDs(110) 晶面的晶格间距。这些结果表明，

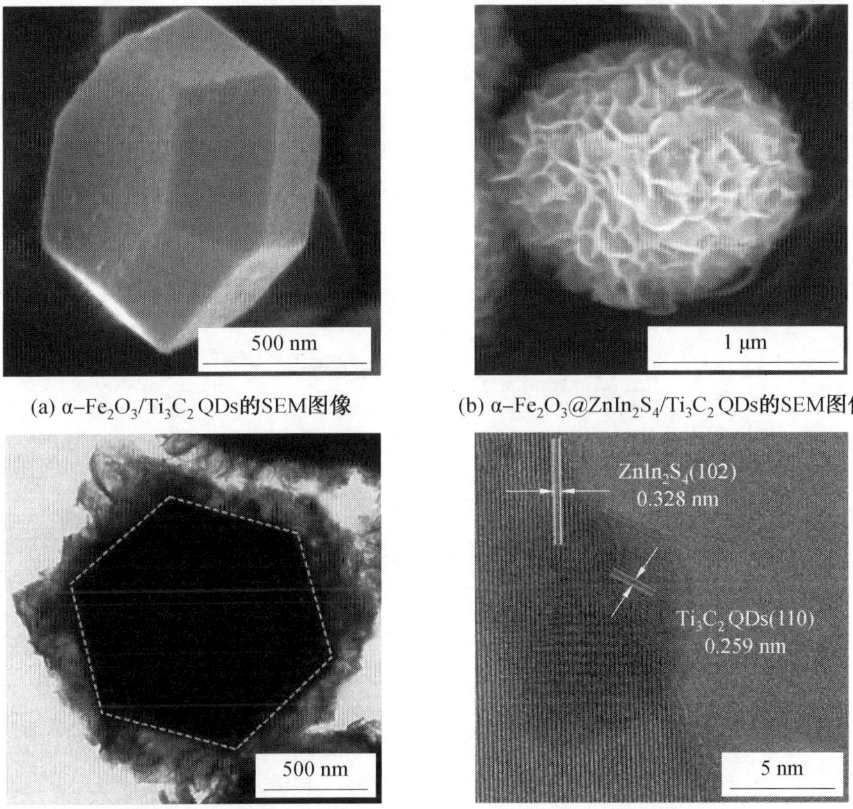

(a) α-Fe_2O_3/Ti_3C_2 QDs的SEM图像　(b) α-Fe_2O_3@$ZnIn_2S_4$/Ti_3C_2 QDs的SEM图像

(c) α-Fe_2O_3@$ZnIn_2S_4$/Ti_3C_2 QDs的TEM图像　(b) α-Fe_2O_3@$ZnIn_2S_4$/Ti_3C_2 QDs的HRTEM图像

图 6.5　α-Fe_2O_3/Ti_3C_2 QDs 的 SEM 图像以及 α-Fe_2O_3@$ZnIn_2S_4$/Ti_3C_2 QDs 的 SEM 图像、TEM 图像和 HRTEM 图像

α-Fe_2O_3@$ZnIn_2S_4$/Ti_3C_2 QDs复合体系是由内部的 α-Fe_2O_3 十四面体、十四面体外部紧密接触的 $ZnIn_2S_4$ 纳米片和表面负载的 Ti_3C_2 QDs 三部分组成。

所制备的 α-Fe_2O_3 十四面体和 α-Fe_2O_3@$ZnIn_2S_4$/Ti_3C_2 QDs 具有分级核壳结构花球的氮气吸附和解吸等温线如图 6.6 所示。从中可以看出，纯 α-Fe_2O_3 的比表面积仅为 19.74 m^2/g，而 $ZnIn_2S_4$ 纳米片和 Ti_3C_2 QDs 的加入显著提高了纯 α-Fe_2O_3 的比表面积，由于复合体系的微米级多面体结构，样品 α-Fe_2O_3@$ZnIn_2S_4$/Ti_3C_2 QDs 的比表面积达到了 98.42 m^2/g。比表面积的显著提高主要归因于分层核壳结构的构建，$ZnIn_2S_4$ 丰富的褶皱结构极大提高了复合体系的比表面积。这有助于增强对污染物的吸附，并且提供更多的活性位点，进而有利于光催化活性的提高。

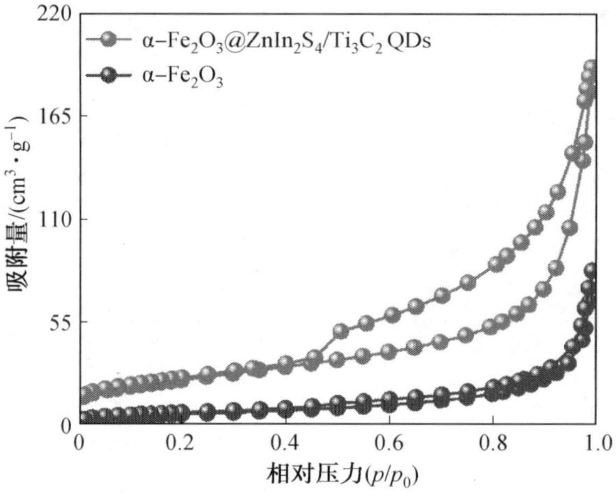

图 6.6 纯 $\alpha-Fe_2O_3$ 和 $\alpha-Fe_2O_3$@ $ZnIn_2S_4/Ti_3C_2$ QDs 的氮气吸附-脱附曲线(彩图见附录)

6.3.4 样品的光催化性能测试

本书利用双酚 A(BPA)作为目标污染物来测试所制备样品的光催化活性。图6.7(a)显示了 160 min 内 $\alpha-Fe_2O_3$、$\alpha-Fe_2O_3/Ti_3C_2$ QDs、$\alpha-Fe_2O_3$@ $ZnIn_2S_4$ 以及 $\alpha-Fe_2O_3$@ $ZnIn_2S_4/Ti_3C_2$ QDs 对 BPA 的光催化降解活性趋势。不同样品在可见光照射前进行 40 min的暗吸附过程,40 min 后所有样品对污染物的物理吸附达到平衡状态,从而去除物理吸附对光催化降解率的影响。随后进行可见光光照,光照后每隔 20 min 取样测试,记录溶液吸光度,最后根据吸光度变化曲线来计算双酚 A 的降解率。纯 $\alpha-Fe_2O_3$ 的 160 min光催化降解率最低,仅达到20%左右,这可能与其低的电荷分离效率有关。与纯 $\alpha-Fe_2O_3$ 相比,$\alpha-Fe_2O_3/Ti_3C_2$ QDs 和 $\alpha-Fe_2O_3$@ $ZnIn_2S_4$ 对 BPA 的光催化活性略微有所提高,相比之下,样品 $\alpha-Fe_2O_3$@ $ZnIn_2S_4$ 的光催化降解率的提高更加明显,这可能是不同样品的电荷传输方式不同,而不同程度的光生载流子复合率导致了光催化活性不同程度的提高。$\alpha-Fe_2O_3$@ $ZnIn_2S_4/Ti_3C_2$ QDs 的光催化活性显著增强,降解率最高,达到 96.1%,表明其具有最佳的光生电子分离效率,反应过程中产生的活性基团数量急剧增加,从而大大提高了其氧化还原活性。在图 6.7(b)中,对不同催化体系的一级反应动力学进行了探索,并计算了 $\alpha-Fe_2O_3$、$\alpha-Fe_2O_3/Ti_3C_2$ QDs、$\alpha-Fe_2O_3$@ $ZnIn_2S_4$ 以及 $\alpha-Fe_2O_3$@ $ZnIn_2S_4/Ti_3C_2$ QDs 相对应的拟一级反应速率常数(k)。$\alpha-Fe_2O_3$、$\alpha-Fe_2O_3/Ti_3C_2$ QDs、$\alpha-Fe_2O_3$@ $ZnIn_2S_4$ 和 $\alpha-Fe_2O_3$@ $ZnIn_2S_4/Ti_3C_2$ QDs 的一级反应速率常数分别为 0.002 11 min^{-1}、0.003 68 min^{-1}、0.008 04 min^{-1}和 0.025 95 min^{-1}。与其他样品相比,α-

Fe_2O_3@ $ZnIn_2S_4$/Ti_3C_2 QDs 计算出的数值最高，是纯 α-Fe_2O_3 的 12.3 倍，这也证实复合体系的构建极大地提高了 α-Fe_2O_3 的光催化活性。

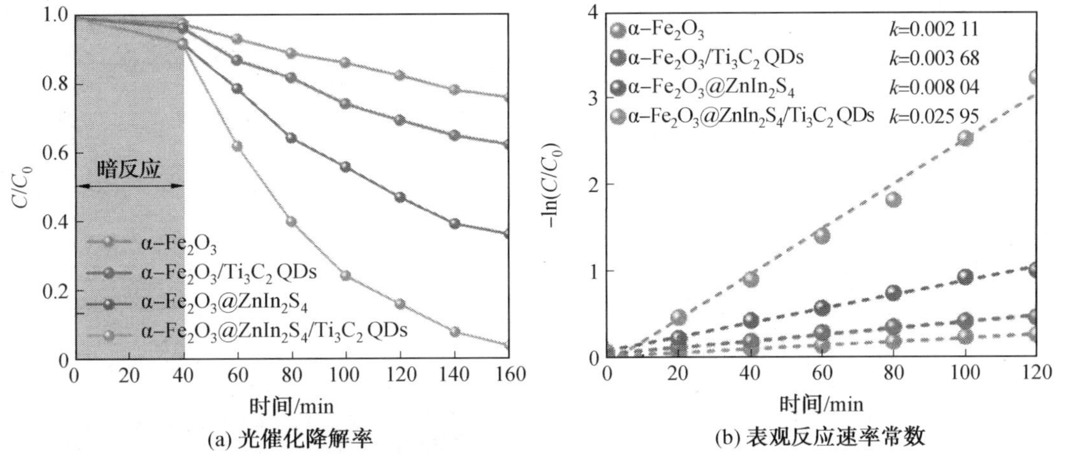

图 6.7　BPA 的光催化降解率和表观反应速率常数(彩图见附录)

催化剂的循环利用稳定性是判定光催化剂优劣与否的重要因素之一，仅经过单次使用结构组成就被破坏的光催化剂是不合格的。通过利用 α-Fe_2O_3@ $ZnIn_2S_4$/Ti_3C_2 QDs 对双酚 A 进行 4 次重复光降解实验来检测样品的稳定性。如图 6.8(a) 所示，α-Fe_2O_3@ $ZnIn_2S_4$/Ti_3C_2 QDs 经过 4 次循环的重复降解反应后仍然能够保持 90% 以上的降解率，这意味着它具有优异的稳定性。此外，比较了 α-Fe_2O_3@ $ZnIn_2S_4$/Ti_3C_2 QDs 在光降解循环反应前后的 XPS 谱图、XRD 谱图和 SEM 图像，以进一步验证其循环利用稳定性。在图 6.8(b) 中，通过比较 4 个光催化降解双酚 A 循环前后 α-Fe_2O_3@ $ZnIn_2S_4$/Ti_3C_2 QDs 的 XPS 全元素谱图，结果表明循环降解后 α-Fe_2O_3@ $ZnIn_2S_4$/Ti_3C_2 QDs 中的 S 2p、In 3d、Zn 2p、Fe 2p、O 1s、Ti 2p、C 1s 元素均被保留，不存在样品元素的流失，表明降解反应不会对 α-Fe_2O_3@ $ZnIn_2S_4$/Ti_3C_2 QDs 的元素化学状态进行破坏。如图 6.8(c) 所示，α-Fe_2O_3 @ $ZnIn_2S_4$/Ti_3C_2 QDs 降解循环前后的 XRD 谱图基本没有变化，不同晶面的衍射峰前后能够一一对应，意味着 α-Fe_2O_3@ $ZnIn_2S_4$/Ti_3C_2 QDs 的晶体结构并没有发生改变，所制备的样品的晶体结构具有优秀的稳定性。此外，在图 6.8(d) 中观察了 4 个循环后 α-Fe_2O_3@ $ZnIn_2S_4$/Ti_3C_2 QDs 的形态，样品的形态仍保持其分层核壳结构并未发生明显改变。这些结果进一步证实了 α-Fe_2O_3@ $ZnIn_2S_4$/Ti_3C_2 QDs 具有优异的循环稳定性，这意味着其结构不会被光催化反应破坏，样品具有优秀的循环利用稳定性。

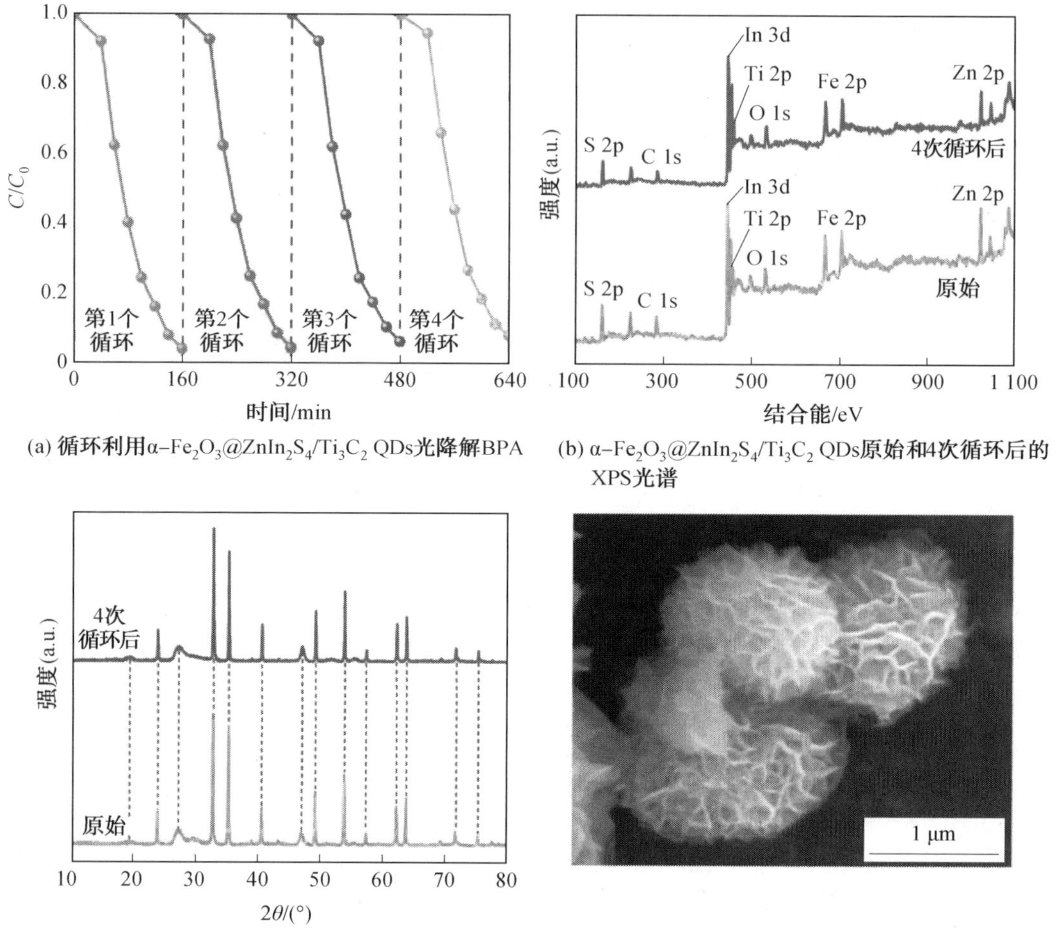

(a) 循环利用$\alpha-Fe_2O_3$@$ZnIn_2S_4/Ti_3C_2$ QDs光降解BPA

(b) $\alpha-Fe_2O_3$@$ZnIn_2S_4/Ti_3C_2$ QDs原始和4次循环后的XPS光谱

(c) $\alpha-Fe_2O_3$@$ZnIn_2S_4/Ti_3C_2$ QDs原始和4次循环后的XRD谱图

(d) $\alpha-Fe_2O_3$@$ZnIn_2S_4/Ti_3C_2$ QDs 4次循环后的SEM图像

图 6.8 循环利用 $\alpha-Fe_2O_3$@ $ZnIn_2S_4/Ti_3C_2$ QDs 光降解 BPA 以及 $\alpha-Fe_2O_3$@ $ZnIn_2S_4/Ti_3C_2$ QDs 原始和 4 次循环后的 XPS 光谱、XRD 谱图和 4 次循环后的 SEM 图像

6.3.5 光催化活性的影响因素

光催化过程是一个复杂的反应过程，不同的外部因素都有可能对光催化剂的催化活性产生影响。为了进一步优化 $\alpha-Fe_2O_3$@ $ZnIn_2S_4/Ti_3C_2$ QDs 的光催化降解 BPA 性能，研究了光催化降解反应体系的 pH、催化剂用量和污染物初始浓度对催化性能的影响。并且通过检测光催化降解率的变化以及拟合相应一级反应表现反应速率常数(k)的值，直观地分析了不同因素对 $\alpha-Fe_2O_3$@ $ZnIn_2S_4/Ti_3C_2$ QDs 的影响。

光催化反应溶液的 pH 对 $\alpha-Fe_2O_3$@ $ZnIn_2S_4/Ti_3C_2$ QDs 复合体系的光催化降解反应影响的结果如图 6.9 所示，分别将反应溶液的 pH 调节成 3、5、7、9、11，较宽的 pH 范围对于影响因素的探索更加有说服力，也更能评价光催化剂的实际应用潜力。从图 6.9(a)和(b)可以看出，反应体系的 pH 对 α-Fe_2O_3@ $ZnIn_2S_4$/Ti_3C_2 QDs 的光催化活性影响较大。当反应体系初始 pH 分别为 3、5、7 时 α-Fe_2O_3@ $ZnIn_2S_4$/Ti_3C_2 QDs 的光催化降解效果显著，一级反应表观反应速率常数 k 值分别为 0.029 22 min^{-1}、0.027 92 min^{-1} 和 0.025 95 min^{-1}。由于催化反应体系溶液的 pH 对反应过程中产生的活性基团的氧化还原电势存在影响，酸性或中性条件下的活性基团的氧化还原电势有利于反应进行。α-Fe_2O_3@ $ZnIn_2S_4$/Ti_3C_2 QDs 光催化降解 BPA 的效果随着 pH 的升高而明显降低，这可能是由于 α-Fe_2O_3@ $ZnIn_2S_4$/Ti_3C_2 QDs 与 BPA 之间存在的静电相互作用，以及活性基团的氧化还原电势低。

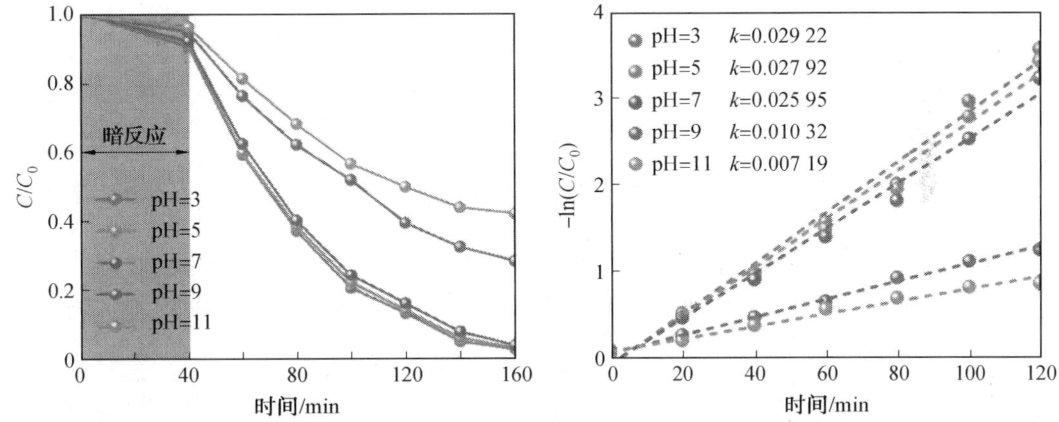

(a) 光催化降解率　(b) 表观反应速率常数

图 6.9　不同初始溶液 pH 的光催化降解率和表观反应速率常数(彩图见附录)

光催化反应中催化剂的投加量对 α-Fe_2O_3@ $ZnIn_2S_4$/Ti_3C_2 QDs 复合体系光催化降解反应影响的结果如图 6.10 所示，分别将 α-Fe_2O_3@ $ZnIn_2S_4$/Ti_3C_2 QDs 的投加量设定为 0.50 g/L、0.75 g/L、1.00 g/L、1.25 g/L、1.50 g/L。从图 6.10(a)可以看出，当催化剂的投加量逐渐增加时，BPA 的降解率并没有十分明显的变化，且降解率都很高，催化剂投加量的不同对 α-Fe_2O_3@ $ZnIn_2S_4$/Ti_3C_2 QDs 的光催化活性影响较小。从图 6.10(b)中可以看出，α-Fe_2O_3@ $ZnIn_2S_4$/Ti_3C_2 QDs 对 BPA 的降解性能随着催化剂投加量的增加而增加，呈正相关，一级反应表观反应速率常数 k 值分别为 0.018 08 min^{-1}、0.021 69 min^{-1}、0.025 95 min^{-1}、0.028 76 min^{-1}和 0.026 72 min^{-1}，意味着当催化剂投加量为 1.25 g/L 时光催化活性最高。尤其是当催化剂用量增加到 1.50 g/L 时，催化效率不但没有继续提高反而下降，低于投加量为 1.25 g/L 时的降解率，这可能是由于催化剂用量过多反而影响了光的透过率，进而降低了光的利用率。

光催化反应中污染物溶液初始质量浓度对 α-Fe_2O_3@ $ZnIn_2S_4$/Ti_3C_2 QDs 整体光催化

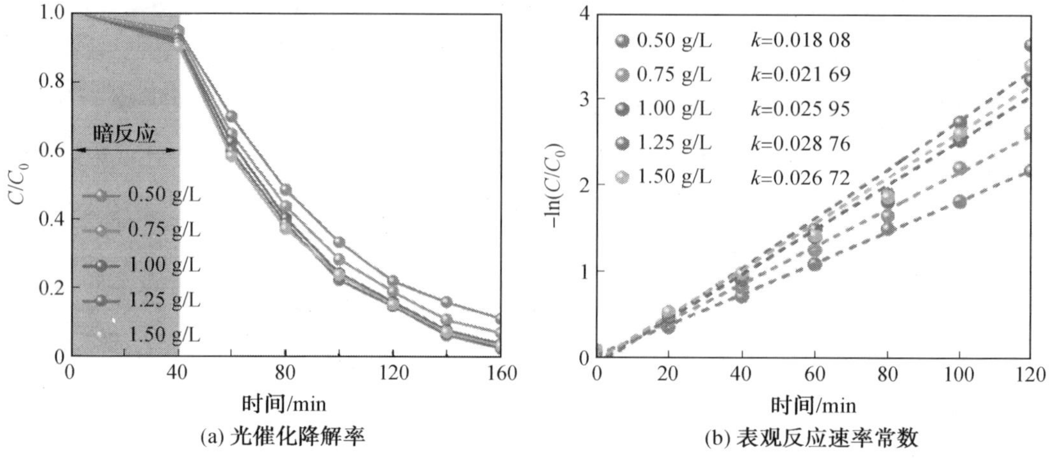

图 6.10 不同投加量的光催化降解率和表观反应速率常数(彩图见附录)

降解反应影响的结果如图 6.11 所示,配制浓度由低到高依次为 5.0 mg/L、7.5 mg/L、10.0 mg/L、12.5 mg/L、15.0 mg/L 的 BPA 溶液作为光催化反应溶液。从图 6.11(a)和(b)可以看出,污染物溶液初始质量浓度的不同对 α-Fe_2O_3@$ZnIn_2S_4$/Ti_3C_2 QDs 的光催化活性也存在着一定影响。α-Fe_2O_3@$ZnIn_2S_4$/Ti_3C_2 QDs 对 BPA 的降解性能随着污染物溶液初始质量浓度的增加而降低,呈负相关,α-Fe_2O_3@$ZnIn_2S_4$/Ti_3C_2 QDs 光催化降解不同质量浓度的 BPA 溶液的一级反应表观反应速率常数 k 值分别为 0.036 74 min^{-10}、0.030 35 min^{-1}、0.025 95 min^{-1}、0.018 53 min^{-1}和 0.014 54 min^{-1},意味着 BPA 溶液的初始质量浓度越低,α-Fe_2O_3@$ZnIn_2S_4$/Ti_3C_2 QDs 的光催化降解效果越明显。污染物初始质量浓度的增加对光催化降解速率有负面影响,因为污染物初始质量浓度的增加增强了入射光的散射进而降低了 α-Fe_2O_3@$ZnIn_2S_4$/Ti_3C_2 QDs 对可见光的利用率,同时反应过程中产生的活性基团的氧化效率降低也是导致污染物光催化降解率下降的原因。

6.3.6 样品的光电化学性能分析

对于光催化技术来说,材料的光学性质是影响其效率的关键因素,尤其是材料的光吸收性能,所制备的样品的光吸收性能由紫外-可见漫反射光谱确定。如图 6.12 所示,纯 α-Fe_2O_3的光吸收边缘大约位于 550 nm,$ZnIn_2S_4$ 的光吸收边缘大约位于 500 nm,表明 α-Fe_2O_3 和 $ZnIn_2S_4$ 均具有可见光响应性能,能够吸收并利用可见光。外观为黑色的 Ti_3C_2 QDs 在紫外光、可见光和红外光区域均有很强的吸收,二元复合后产生的 α-Fe_2O_3@$ZnIn_2S_4$ 的光吸收性能略微优于 α-Fe_2O_3 和 $ZnIn_2S_4$,表明两者的复合对于样品的光吸收存在正面影响。与 Ti_3C_2 QDs 复合的样品 α-Fe_2O_3/Ti_3C_2 QDs 和 α-Fe_2O_3@$ZnIn_2S_4$/Ti_3C_2

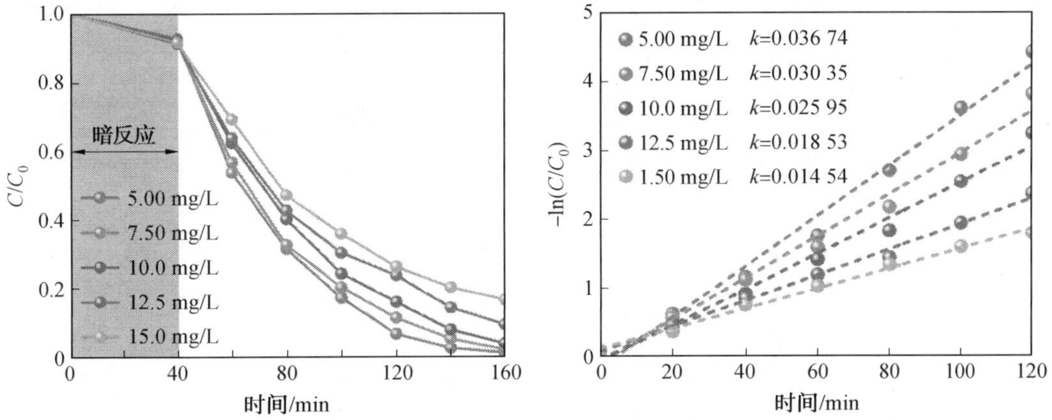

(a) 光催化降解率　　(b) 表观反应速率常数

图 6.11　不同初始溶液质量浓度的光催化降解率和表观反应速率常数(彩图见附录)

QDs 的光吸收响应区域发生红移,并且伴有吸收强度的提高,意味着 Ti_3C_2 QDs 的引入对所设计的光催化体系的光吸收性能和光的利用率有显著的提高。

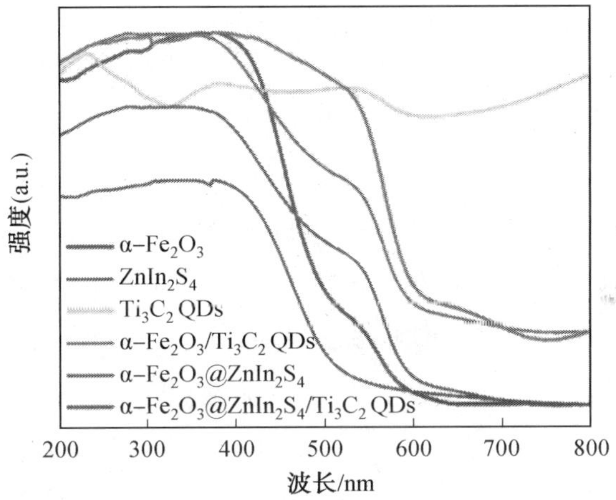

图 6.12　制备的样品的紫外-可见漫反射光谱(彩图见附录)

光生载流子的转移方式以及分离是影响光催化材料的光催化活性的重要内部因素,探索光催化剂的光生电子转移和分离是研究光催化材料产生活性机理的必要一环。电化学阻抗和瞬态光电流强度可以反映光催化材料的界面电荷转移和分离效率。小的电化学阻抗半径和高光电流响应强度通常对应于优秀的光生载流子分离效率。如图 6.13(a)所示,不同组成的样品展现出了不同大小的电化学阻抗半径,值得注意的是相较于纯 $\alpha-Fe_2O_3$ 和 $ZnIn_2S_4$,复合材料的电化学阻抗半径更小,表明复合样品的光生电子的分离和传输方式发生变化,进而具有更高的载流子分离效率,与其他材料相比,$\alpha-Fe_2O_3$@ $ZnIn_2S_4/Ti_3C_2$ QDs 具有最小的电化学阻抗半径,表明 $\alpha-Fe_2O_3$@ $ZnIn_2S_4/Ti_3C_2$ QDs 中各组分界面之间的电荷转移机制可以有效抑制光生电子的复合。此外，在图 6.13(b)中的瞬态光电流响应结果能够与电化学阻抗的结果相呼应，$\alpha-Fe_2O_3$@$ZnIn_2S_4/Ti_3C_2$ QDs 的瞬态光电流响应强度最高，进一步证明了相较于其他所制备的样品，$\alpha-Fe_2O_3$@$ZnIn_2S_4/Ti_3C_2$ QDs 具有更高的电荷分离效率。

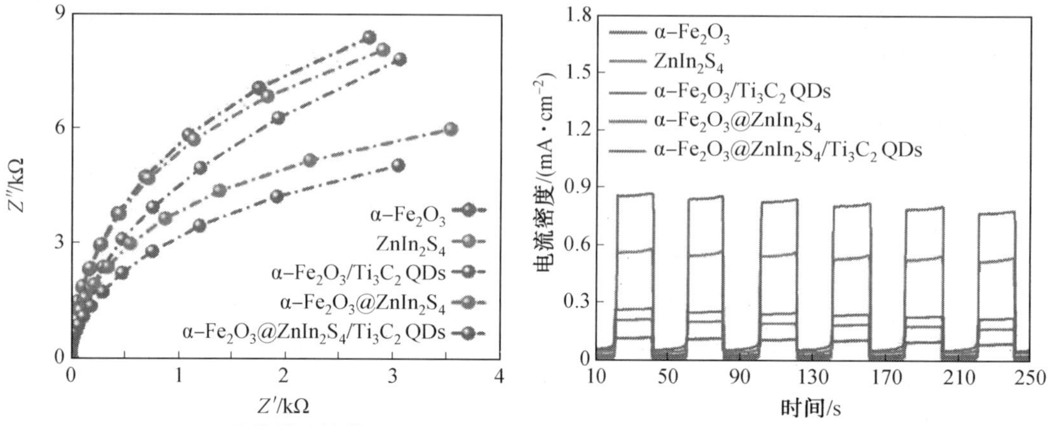

(a) 电化学阻抗谱　　(b) 瞬态光电流响应谱图

图 6.13　所制备样品的电化学阻抗谱和瞬态光电流响应谱图(彩图见附录)

此外，利用稳态 PL 光谱和时间分辨 PL 光谱进一步验证了所制备材料的光生载流子分离效率。如图 6.14(a)所示，不同样品的稳态 PL 光谱强度展现出了不同的 PL 强度，随着不同成分的复合样品的稳态 PL 强度而降低，低的 PL 强度往往对应着优秀的光生电子分离效率，这些样品中 $\alpha-Fe_2O_3$@$ZnIn_2S_4/Ti_3C_2$ QDs 的 PL 强度最低，表明其电荷分离效率最高。此外，对 $\alpha-Fe_2O_3$、$\alpha-Fe_2O_3$@$ZnIn_2S_4$ 以及 $\alpha-Fe_2O_3$@$ZnIn_2S_4/Ti_3C_2$ QDs 三个样品进行了时间分辨 PL 光谱测试，如图 6.14(b)所示，并且 $\alpha-Fe_2O_3$、$\alpha-Fe_2O_3$@$ZnIn_2S_4$ 和 $\alpha-Fe_2O_3$@$ZnIn_2S_4/Ti_3C_2$ QDs 的电子寿命由公式 $\tau=(B_1\tau_1^2+B_2\tau_2^2)/(B_1\tau_1+B_2\tau_2)$ 计算，分别为 2.28 ns、3.02 ns 和 3.48 ns。相比之下 $\alpha-Fe_2O_3$@$ZnIn_2S_4/Ti_3C_2$ QDs 具有更高的电子寿命，这意味着催化剂被光激发后经过电荷分离和转移过程产生的电子存在的时间更长，表明 $\alpha-Fe_2O_3$@$ZnIn_2S_4/Ti_3C_2$ QDs 的电荷复合受到抑制。

在前面的实验中利用紫外-可见漫反射光谱以及 XPS 价带谱分别确定了 $\alpha-Fe_2O_3$ 和 $ZnIn_2S_4$ 的能带结构，并利用扫描开尔文探针技术确定了两者不同的功函数，进而提出了 $\alpha-Fe_2O_3$@$ZnIn_2S_4$ 界面间形成的 S 型异质结并揭示 $\alpha-Fe_2O_3$@$ZnIn_2S_4$ 电荷转移路径。针对 $\alpha-Fe_2O_3$@$ZnIn_2S_4/Ti_3C_2$ QDs 相较于 $\alpha-Fe_2O_3$@$ZnIn_2S_4$ 引入了 Ti_3C_2 QDs，就代表新的电荷传输路径存在于 $\alpha-Fe_2O_3$@$ZnIn_2S_4/Ti_3C_2$ QDs 界面之间。由于 Ti_3C_2 QDs 的光吸收范围和强度太强，代表其具有极窄的禁带宽度，所以利用费米能级对 Ti_3C_2 QDs 的能带结构进行代替。通过使用扫描开尔文探针技术计算 Ti_3C_2 QDs 的费米能级，进一步确定

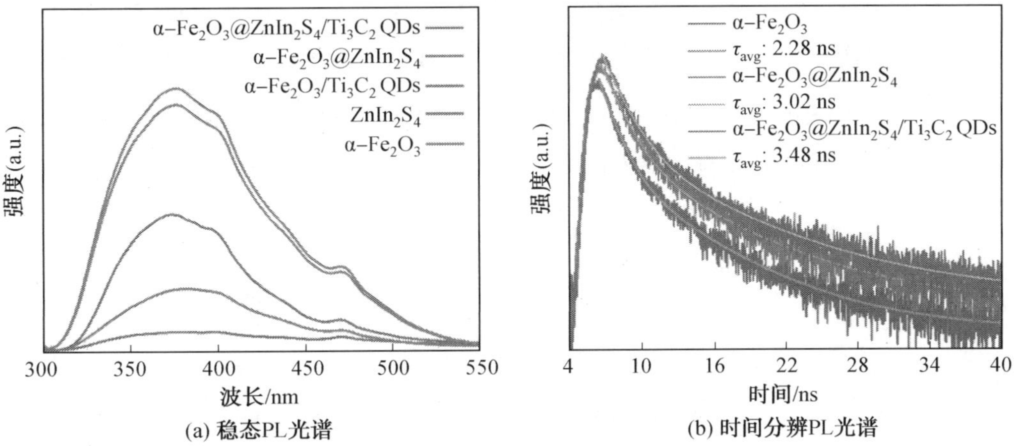

图 6.14　所制备样品的稳态 PL 光谱和时间分辨 PL 光谱(彩图见附录)

Ti_3C_2 QDs 的能级电势。在图 6.15 中,Ti_3C_2 QDs 的平均接触电势差为-1 190 mV。因此,Ti_3C_2 QDs 的功函数(WF)计算为 3.91 eV,进一步计算 Ti_3C_2 QDs 的费米能级为 0.59 eV (vs NHE)。

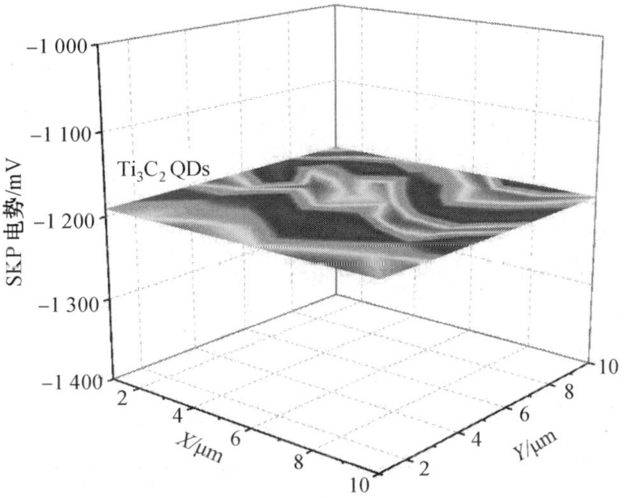

图 6.15　Ti_3C_2 QDs 的扫描开尔文探针图(彩图见附录)

由于 Ti_3C_2 QDs 具有良好的金属导电性和与金属相似的物理性质,Ti_3C_2 QDs 与 n 型半导体 $ZnIn_2S_4$ 的界面发生接触后会导致 $ZnIn_2S_4$ 的能带边缘向上弯曲从而形成肖特基结。两者界面之间接触形成的肖特基结可以作为电子陷阱从而捕获 $ZnIn_2S_4$ 的光生电子并将其转移到 Ti_3C_2 QDs 表面,同时 $ZnIn_2S_4$ 向上的能带弯曲产生的肖特基势垒能够抑制电子从 Ti_3C_2 QDs 向 $ZnIn_2S_4$ 的回流,从而获得 α-Fe_2O_3@$ZnIn_2S_4$/Ti_3C_2 QDs 的电荷传输机制。如图 6.16 所示,α-Fe_2O_3 的光生电子和 $ZnIn_2S_4$ 的光生空穴在光激发后被反向内建电场产生的驱动力而驱动重新结合形成 S 型异质结，$ZnIn_2S_4$ 的光生电子在存在肖特基结的情况下转移到 Ti_3C_2 QDs。因此，基于双异质结串联的协同效应实现了有效的电荷分离。α-Fe_2O_3 和 $ZnIn_2S_4$ 的光生电子损失以及 Ti_3C_2 QDs 对光生电子的捕获与 α-Fe_2O_3@$ZnIn_2S_4$/Ti_3C_2 QDs 的 ISI-XPS 结果一致。

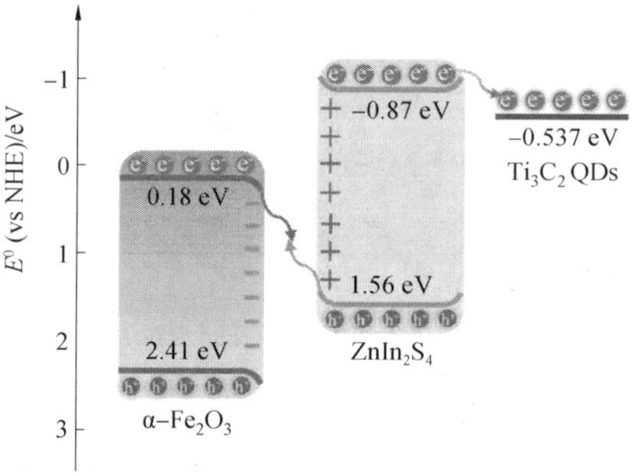

图 6.16 α-Fe_2O_3@$ZnIn_2S_4$/Ti_3C_2 QDs 的 S 型异质结/肖特基结串联电荷转移路径

6.3.7 体系中的活性物质和光催化反应机理

反应过程中产生的 ·OH、·O_2^-、h^+等反应性活性基团能够大量且有效地生成是高效降解有机污染物的根本原因。由于其氧化还原电势能够实现污染物的有效去除，所以探索反应过程中产出的活性物质种类是必要的。所设计的最终复合体系在光催化降解双酚 A 的过程中所产生的活性基团种类通过在反应过程中加入自由基猝灭剂的方法来进行确定。在相同的条件下利用 α-Fe_2O_3@$ZnIn_2S_4$/Ti_3C_2 QDs 对双酚 A 进行降解实验，在反应过程中加入苯醌（BQ）、EDTA-2Na 和叔丁醇（TBA）作为自由基猝灭剂，分别用于淬灭 ·O_2^-、h^+和 ·OH，猝灭剂的加入能够有效地对相应的自由基基团进行猝灭，从而通过观察最终的降解效果来确定目标自由基对反应的影响。结果如图 6.17 所示，加入 EDTA-2Na 后，α-Fe_2O_3@$ZnIn_2S_4$/Ti_3C_2 QDs 对双酚 A 的降解率基本未发生变化，这意味着 h^+对 α-Fe_2O_3@$ZnIn_2S_4$/Ti_3C_2 QDs 的光催化活性影响很小；在添加 TBA 后，α-Fe_2O_3@$ZnIn_2S_4$/Ti_3C_2 QDs 对 BPA 的降解率相较于无猝灭剂添加时下降了 27.6%，这说明 ·OH 对 α-Fe_2O_3@$ZnIn_2S_4$/Ti_3C_2 QDs 降解双酚 A 的反应存在一定的影响，但并不占据主要地位。值得注意的是向反应体系中加入 BQ 后 α-Fe_2O_3@$ZnIn_2S_4$/Ti_3C_2 QDs 降解双酚 A 的降解率明显下降，而 BQ 主要能够对 ·O_2^- 进行猝灭。这一结果表明，·O_2^- 是 α-Fe_2O_3@

$ZnIn_2S_4/Ti_3C_2$ QDs 光催化过程中产生的活性基团中作为主导地位的活性基团，综合 3 次自由基猝灭实验的结果，反应过程中活性基团起作用的主次顺序为 $\cdot O_2^-$、$\cdot OH$、h^+。

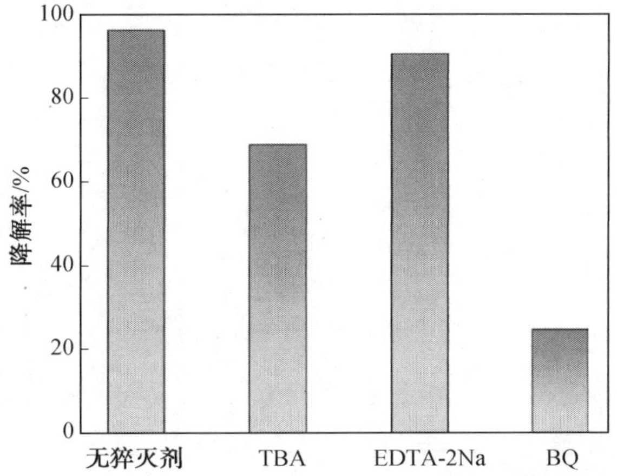

图 6.17　添加不同猝灭剂后 $\alpha-Fe_2O_3$@$ZnIn_2S_4/Ti_3C_2$ QDs 对双酚 A 光催化降解率

基于对上述结果的讨论和分析，提出了 $\alpha-Fe_2O_3$@$ZnIn_2S_4/Ti_3C_2$ QDs 的催化机理，如图 6.18 所示。$\alpha-Fe_2O_3$@$ZnIn_2S_4/Ti_3C_2$ QDs 所具有的分级核壳结构可以有效缩短光生电子的迁移路径，增加入射光的折射和散射，实现了可见光的有效利用，同时这种结构也具有比较大的比表面积，大表面积可以暴露更多的活性位点，进而促进对污染物的吸附与降解。基于费米能级高度的不同以及两者界面之间有效的接触，在 $\alpha-Fe_2O_3$ 和 $ZnIn_2S_4$ 的接触界面之间构建了反向内建电场，$\alpha-Fe_2O_3$ 和 $ZnIn_2S_4$ 无价值的光生电子和空穴在界面之间以反向的内建电场为驱动力快速复合形成 S 型异质结，促使具有还原氧化活性的光生电子和空穴可以实现有效分离并得以保留。此外，基于 Ti_3C_2 QDs 具有良好的金属导电性，与 $ZnIn_2S_4$ 接触后会使 $ZnIn_2S_4$ 的能带边缘向上弯曲形成肖特基结。肖特基结作为电子陷阱能够捕获 $ZnIn_2S_4$ 的光生电子并向 Ti_3C_2 QDs 转移，同时向上弯曲的能带边缘产生的肖特基势垒能够抑制已经转移的电子回流，从而进一步提高了材料的整体电荷分离效率。总之，$\alpha-Fe_2O_3$@$ZnIn_2S_4/Ti_3C_2$ QDs 将 S 型异质结和肖特基结双异质结串联起来产生协同效应，优异的电荷传输路径有效抑制了光生载流子的复合。长期存在的功能性光生载流子促进大量活性基团的生成，具有降解活性的 $\cdot O_2^-$ 和 $\cdot OH$ 对 BPA 进行攻击从而实现 BPA 的有效矿化。

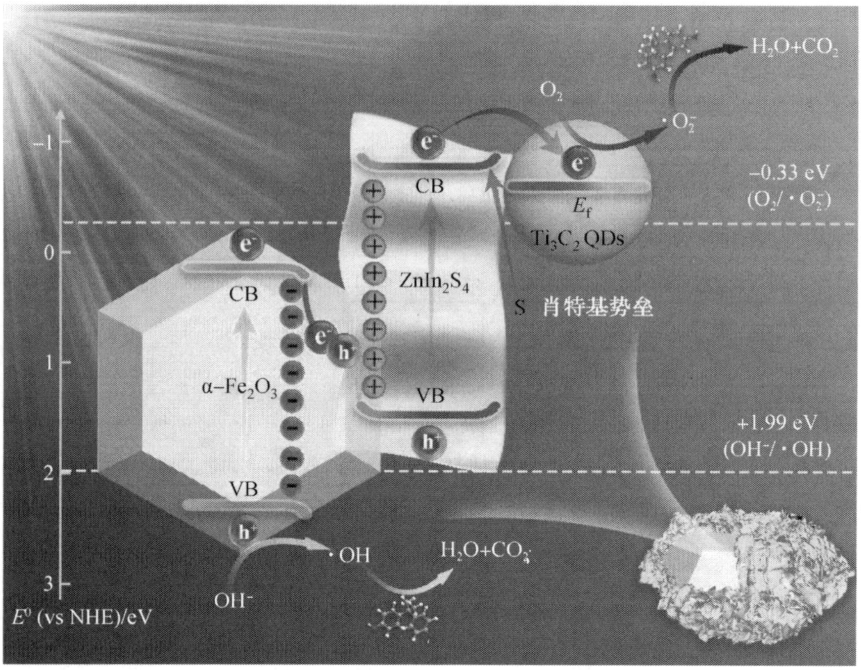

图 6.18 α-Fe_2O_3@$ZnIn_2S_4$/Ti_3C_2 QDs 的 S 型异质结/肖特基结串联机制光催化反应机理图

6.4 本章小结

通过 HF 刻蚀溶剂热的方法合成了 MXene Ti_3C_2 QDs，粒径为(6.02±1.06) nm，并且通过一锅法成功合成 α-Fe_2O_3@$ZnIn_2S_4$/Ti_3C_2 QDs 复合材料，Ti_3C_2 QDs 均匀分布在 α-Fe_2O_3@$ZnIn_2S_4$ 上，并在界面间存在紧密接触。通过一系列表征手段对所制备的 α-Fe_2O_3@$ZnIn_2S_4$/Ti_3C_2 QDs 复合材料进行测试，并且得到了其基本的物理化学性质，证明 3 种组分成功复合，分级核壳结构的构建增加了样品的比表面积，Ti_3C_2 QDs 的加入提高了材料的光吸收性能，并且促进了材料的光生电子分离。设计并实践了 α-Fe_2O_3@$ZnIn_2S_4$/Ti_3C_2 QDs 催化体系，并将难降解有机污染物双酚 A 作为目标污染物检测其催化活性，结果表明最终催化体系成功实现双酚 A 的有效快速降解，160 min 的反应过后双酚 A 的降解率达到 96.1%，并对影响光催化活性的因素进行了探索。通过 4 次循环降解双酚 A 实验以证明材料的稳定性，4 次循环实验后所设计的催化体系的降解率仍能达到 90% 以上，并对反应前后的材料进行对比表征，结果证明所制备的材料具有良好的循环稳定性。提出了 α-Fe_2O_3@$ZnIn_2S_4$/Ti_3C_2 QDs 的催化反应机理，α-Fe_2O_3 和 $ZnIn_2S_4$ 基于界面间的紧密接触以及费米能级的差异在界面间产生反向的内建电场进而形成 S 型异质结。基于 Ti_3C_2 QDs 优异的金属导电性在与 $ZnIn_2S_4$ 的接触界面间产生了肖特基结并成功构建 S 型异质结/肖特基结双异质结串联机制并产生协同效应展现出强大的光生电子分离,产生的大量的 · OH 和 · O_2^- 是降解双酚 A 的关键,提供了有效的新型光催化体系的构建策略。

第7章　结论、创新与展望

7.1　结　论

本书主要以窄带隙半导体铁基氧化物 $\alpha-Fe_2O_3$ 为基础材料，通过简单实用的方法合成多种 $\alpha-Fe_2O_3$ 基复合光催化剂。一方面以 $\alpha-Fe_2O_3$ 为基础构建复合体系可以充分利用可见光进行光催化反应。另一方面构建了多种 $\alpha-Fe_2O_3$ 基异质结构复合体系，通过复合体系中异质结的形成来提高光生载流子的分离效率，促进复合体系在可见光诱导下光催化性能的提升。通过多种表征手段揭示各种异质结的形成和影响光生电子空穴迁移转化的机理，并结合对环境激素类物质双酚 A 的氧化降解实验，研究了复合体系对污染物质的降解过程，为该工作的实际化应用提供了实验依据，具体实验结论如下。

(1)利用简单的一步水热法合成了 $\alpha-Fe_2O_3/rGO$ 复合光催化剂，通过改变 Fe 与 rGO 的摩尔比和水热条件等参数，合成性能最优的样品，并通过表征测试揭示所制备光催化剂的晶相组成、微观结构和光吸收性质。在模拟可见光催化的反应条件下，向反应溶液中加入过硫酸盐(PS)，构建可见光催化与硫酸盐自由基氧化协同降解污染物的高级催化氧化反应体系，3 h 后双酚 A 的降解率达到 99.1%。高光催化活性归因于光催化过程活化过硫酸盐生成硫酸盐自由基与羟基自由基来氧化降解双酚 A，同时还存在光催化氧化与自由基氧化之间的协同作用。

(2)通过水热法和光沉积的方法成功合成了 $MoS_2/Ag/\alpha-Fe_2O_3$ 基复合光催化剂，构建了全固态 Z 型异质结并且设计了光-芬顿耦合催化体系高效降解水中有机污染物。对制备的 $MoS_2/Ag/\alpha-Fe_2O_3$ 异质结构复合体系进行多种表征，以验证其独特的结构和光电化学性质，并通过双酚 A(BPA)的光催化降解来评估可见光催化性能，3 h 后双酚 A 的降解率达到96.2%。光-芬顿耦合催化的协同效应产生的大量 $\cdot OH$ 和 $\cdot O_2^-$ 是降解双酚 A 的关键。

(3)通过水热法和原位生长法实现了 $\alpha-Fe_2O_3$ 与 $ZnIn_2S_4$ 的有效复合，成功构建了新

型的 $\alpha-Fe_2O_3$@$ZnIn_2S_4$ S 型异质结复合光催化体系。$\alpha-Fe_2O_3$ 和 $ZnIn_2S_4$ 界面间的紧密接触以及费米能级差异使界面间产生反向内建电场，从而促使光电子-空穴对的有效分离，因此大大提高了复合体系的光催化性能，320 min 的反应过后双酚 A 的降解率达到 94.7%。

(4)在 $\alpha-Fe_2O_3$@$ZnIn_2S_4$ S 型异质结复合光催化体系基础上，引入 MXene Ti_3C_2 QDs 构建了 $\alpha-Fe_2O_3$@$ZnIn_2S_4$/Ti_3C_2 QDs S 型异质结/肖特基结双异质结体系。Ti_3C_2 QDs 的引入进一步提高了光生载流子的分离效率，这归因于 Ti_3C_2 QDs 优异的金属导电性在与 $ZnIn_2S_4$ 的接触界面间产生了肖特基结，S 型异质结/肖特基结双异质结串联机制产生的协同效应展现出强大的光生电子分离效率，并因此产生大量的 ·OH 和 ·O_2^- 活性物种，使复合体系具有优异的光催化活性，160 min 后双酚 A 的降解率达到 96.1%。

7.2 创新点

(1)利用不同结构的 Fe_2O_3 为基础构建 Fe_2O_3 与 rGO、过渡金属硫化物、过渡金属碳化物复合光催化材料，复合结构的构建可表现出优秀的光吸收利用能力，有效抑制光生载流子复合，获得的复合材料光催化活性显著提高。

(2)基于 Fe_2O_3 建立了光催化-其他高级氧化技术(过硫酸盐活化、芬顿技术)耦合体系，揭示了光催化与不同高级氧化技术耦合过程中大量降解活性基团的产生机理，为设计高活性的环境净化材料以及 Fe_2O_3 的实际可应用性提供理论依据。

(3)发现以 Fe_2O_3 为基础构建的 S 型异质结以及串联型异质结在可见光激发后独特的电荷传输路径，可以大大提高光生电子和空穴的分离效率，为新型异质结光催化材料的设计与制备提供理论依据。

7.3 展　望

本书充分利用了窄带隙光催化剂 $\alpha-Fe_2O_3$ 具有的可见光响应的优势，通过多种简单的制备方法，合成多种具有不同异质结构，且高效稳定的复合光催化体系，同时构建与其他高级氧化技术协同催化氧化的反应体系，得到较好的光催化氧化效果。但是，仍有些工作亟待完善和开展，如对各反应体系之间进行系统比较和分析其优缺点，确定最优方案，并用于后期对更加复杂的生活污水或工业废水的污染物去除研究工作中。结合本书内容，需要开展的后续工作主要有以下几个方面。

(1)虽然成功制备了 Z 型异质结复合体系，且得到较好的光催化降解率，但是对于不同的复合样品合成温度、时间以及 MoS_2 和 Ag 的加入量对复合体系活性的影响还缺少一些更系统的比较实验。同时，在具有不同浓度、pH 以及温度条件的污染物溶液中，催化剂发挥活性的趋势变化还需要进一步探索。

(2)本书制备了不同形貌的 α-Fe_2O_3 样品，包括球形粒子、规则六边形薄片以及三维十四面体。不同形貌的样品对光生载流子迁移转化的影响还需要深入研究，需要通过更有针对性的表征手段揭示复合体系的晶型、微结构、表面特性等结构特点对电荷迁移规律的影响。为今后从分子水平上组装、调控复合体系的微结构、调控电子和空穴的分离提供理论指导。

(3)继续选择更多种类的具有代表性的环境污染物质进行降解实验，如废水中的农药残留、抗生素和病菌微生物等。以期拓展光催化氧化技术的适用范围，提高其实际应用的价值。

参考文献

[1] FUJISHIMA A, HONDA K. Electrochemical photolysis of water at a semiconductor electrode[J]. Nature,1972,238(5358): 37-38.

[2] CAREY J H,LAWRENCE J,TOSINE H M. Photodechlorination of PCB's in the presence of titanium dioxide in aqueous suspensions[J]. Bulletin of environmental contamination and toxicology,1976,16(6): 697-701.

[3] GUAN K S. Relationship between photocatalytic activity, hydrophilicity and self-cleaning effect of TiO_2/SiO_2 films [J]. Surface and coatings technology, 2005, 191 (2/3): 155-160.

[4] TIAN J, HAO P, WEI N, et al. 3D Bi_2MoO_6 nanosheet/TiO_2 nanobelt heterostructure: Enhanced photocatalytic activities and photoelectochemistry performance [J]. ACS catalysis,2015,5(8): 4530-4536.

[5] CARP O. Photoinduced reactivity of titanium dioxide [J]. Progress in solid state chemistry,2004,32(1/2): 33-177.

[6] ETACHERI V, DI VALENTIN C, SCHNEIDER J, et al. Visible-light activation of TiO_2 photocatalysts: Advances in theory and experiments[J]. Journal of photochemistry and photobiology C: photochemistry reviews,2015,25: 1-29.

[7] ZHU S C, XIE S H, LIU Z P. Nature of rutile nuclei in anatase-to-rutile phase transition [J]. Journal of the American chemical society,2015,137(35): 11532-11539.

[8] CUI Z H, WU F, JIANG H. First-principles study of relative stability of rutile and anatase TiO_2 using the random phase approximation[J]. Physical chemistry chemical physics, 2016,18(43): 29914-29922.

[9] LIU N, CHANG Y, FENG Y L, et al. {101}-{001} surface heterojunction-enhanced antibacterial activity of titanium dioxide nanocrystals under sunlight irradiation[J]. ACS applied materials & interfaces,2017,9(7): 5907-5915.

[10] SCANLON D O, DUNNILL C W, BUCKERIDGE J, et al. Band alignment of rutile and

anatase TiO_2[J]. Nature materials,2013,12: 798-801.

[11] KUMAR S G,RAO K S R K. Zinc oxide based photocatalysis: Tailoring surface-bulk structure and related interfacial charge carrier dynamics for better environmental applications[J]. RSC advances,2015,5(5): 3306-3351.

[12] VALENZUELA L,IGLESIAS A,FARALDOS M,et al. Antimicrobial surfaces with self-cleaning properties functionalized by photocatalytic ZnO electrosprayed coatings[J]. Journal of hazardous materials,2019,369: 665-673.

[13] MICHELIN C,HOFFMANN N. Photocatalysis applied to organic synthesis - A green chemistry approach[J]. Current opinion in green and sustainable chemistry,2018,10: 40-45.

[14] SAMADI M,ZIRAK M,NASERI A,et al. Recent progress on doped ZnO nanostructures for visible-light photocatalysis[J]. Thin solid films,2016,605: 2-19.

[15] AL-FORI M,DOBRETSOV S,MYINT M T Z,et al. Antifouling properties of zinc oxide nanorod coatings[J]. Biofouling,2014,30(7): 871-882.

[16] ANTA J A,GUILLÉN E,TENA-ZAERA R. ZnO-based dye-sensitized solar cells[J]. The journal of physical chemistry C,2012,116(21): 11413-11425.

[17] CHANDIRAN A K,ABDI-JALEBI M,NAZEERUDDIN M K,et al. Analysis of electron transfer properties of ZnO and TiO_2 photoanodes for dye-sensitized solar cells[J]. ACS nano,2014,8(3): 2261-2268.

[18] GHAROY AHANGAR E, ABBASPOUR-FARD M H, SHAHTAHMASSEBI N, et al. Preparation and characterization of PVA/ZnO nanocomposite[J]. Journal of food processing and preservation,2015,39(6): 1442-1451.

[19] ZAVAR S. A novel three component synthesis of 2-amino-4H-chromenes derivatives using nano ZnO catalyst[J]. Arabian journal of chemistry,2017,10: S67-S70.

[20] WOJNAROWICZ J,CHUDOBA T,LOJKOWSKI W. A review of microwave synthesis of zinc oxide nanomaterials: Reactants, process parameters and morphoslogies[J]. Nanomaterials,2020,10(6): 1086.

[21] LI D, HANEDA H. Morphologies of zinc oxide particles and their effects on photocatalysis[J]. Chemosphere,2003,51(2): 129-137.

[22] SHANG T M,SUN J H,ZHOU Q F,et al. Controlled synthesis of various morphologies of nanostructured zinc oxide: Flower, nanoplate, and urchin[J]. Crystal research and technology,2007,42(10): 1002-1006.

[23] GUI Y H, YANG L L, TIAN K, et al. P-type Co_3O_4 nanoarrays decorated on the surface of n-type flower-like WO_3 nanosheets for high-performance gas sensing[J]. Sensors and actuators B: chemical, 2019, 288: 104-112.

[24] GONZÁLEZ-BORRERO P P, SATO F, MEDINA A N, et al. Optical band-gap determination of nanostructured WO_3 film [J]. Applied physics letters, 2010, 96 (6): 061909.

[25] KHARADE R R, MANE S R, MANE R M, et al. Synthesis and characterization of chemically grown electrochromic tungsten oxide [J]. Journal of Sol-gel science and technology, 2010, 56(2): 177-183.

[26] ZHOU Q, SONG Y, LI N J, et al. Direct dual Z-scheme Bi_2WO_6/GQDs/WO_3 inverse opals for enhanced photocatalytic activities under visible light [J]. ACS sustainable chemistry & engineering, 2020, 8(21): 7921-7927.

[27] ZHANG X L, WANG X, WANG D F, et al. Conformal BiVO(4)-layer/WO(3)-nanoplate-array heterojunction photoanode modified with cobalt phosphate cocatalyst for significantly enhanced photoelectrochemical performances[J]. ACS applied materials & interfaces, 2019, 11(6): 5623-5631.

[28] ZHU W Y, LIU J C, YU S Y, et al. Ag loaded WO_3 nanoplates for efficient photocatalytic degradation of sulfanilamide and their bactericidal effect under visible light irradiation [J]. Journal of hazardous materials, 2016, 318: 407-416.

[29] XIAO Y, HE Z Q, WANG R S, et al. Synthesis of WO_3 nanofibers decorated with BiOCl nanosheets for photocatalytic degradation of organic pollutants under visible light [J]. Colloids and surfaces A: Physicochemical and engineering aspects, 2019, 580: 123752.

[30] KUDO A, MISEKI Y. Heterogeneous photocatalyst materials for water splitting [J]. Chemical society reviews, 2009, 38(1): 253-278.

[31] 游丹. 金属硫化物半导体多级结构的构建及光催化性能研究[D]. 武汉: 中国地质大学, 2021.

[32] 狄廷敏. 硫化物基光催化剂的制备及其可见光光催化性能研究[D]. 武汉: 武汉理工大学, 2019.

[33] ZHANG J F, WAGEH S, AL-GHAMDI A, et al. New understanding on the different photocatalytic activity of wurtzite and zinc-blende CdS [J]. Applied catalysis B: environmental, 2016, 192: 101-107.

[34] XU Y, HUANG Y, ZHANG B. Rational design of semiconductor-based photocatalysts for

advanced photocatalytic hydrogen production: The case of cadmium chalcogenides[J]. Inorganic chemistry frontiers,2016,3(5): 591-615.

[35] ZHANG N,YANG M Q,TANG Z R,et al. CdS - graphene nanocomposites as visible light photocatalyst for redox reactions in water: A green route for selective transformation and environmental remediation[J]. Journal of catalysis,2013,303: 60-69.

[36] KUDO A,OMORI K,KATO H. A novel aqueous process for preparation of crystal form-controlled and highly crystalline $BiVO_4$ powder from layered vanadates at room temperature and its photocatalytic and photophysical properties[J]. Journal of the American chemical society,1999,121(49): 11459-11467.

[37] ZOU Z,YE J,SAYAMA K,et al. Direct splitting of water under visible light irradiation with an oxide semiconductor photocatalyst[J]. Nature,2001,414(6864): 625-627.

[38] YE J H,ZOU Z G,OSHIKIRI M,et al. A novel hydrogen-evolving photocatalyst $InVO_4$ active under visible light irradiation[J]. Chemical physics letters,2002,356(3/4): 221-226.

[39] PAN P W,CHEN Y W. Photocatalytic reduction of carbon dioxide on $NiO/InTaO_4$ under visible light irradiation[J]. Catalysis communications,2007,8(10): 1546-1549.

[40] ZOU Z G, YE J H, ARAKAWA H. Structural properties of $InNbO_4$ and $InTaO_4$: Correlation with photocatalytic and photophysical properties[J]. Chemical physics letters,2000,332(3/4): 271-277.

[41] WAGNER F T,SOMORJAI G A. Photocatalytic hydrogen production from water on Pt-free $SrTiO_3$ in alkali hydroxide solutions[J]. Nature,1980,285: 559-560.

[42] DOMEN K,NAITO S,SOMA M,et al. Photocatalytic decomposition of water-vapor on an NiO-$SrtiO_3$ catalyst[J]. Journal of the Chemical Society-Chemical Communications, 1980,(12): 543-544.

[43] 吕涛,氧化石墨烯在构建钙钛矿复合光催化剂中的多功能属性研究[D]. 厦门: 厦门大学,2019.

[44] ZHANG Y, ZHAO Z Y, CHEN J R, et al. C-doped hollow TiO_2 spheres: in situ synthesis,controlled shell thickness,and superior visible-light photocatalytic activity[J]. Applied catalysis B: environmental,2015,165: 715-722.

[45] LU Y C, OU X Y, WANG W G, et al. Fabrication of TiO_2 nanofiber assembly from nanosheets (TiO_2-NFs-NSs) by electrospinning-hydrothermal method for improved photo-reactivity[J]. Chinese journal of catalysis,2020,41(1): 209-218.

[46] LIAN J B, DUAN X C, MA J M, et al. Hematite (alpha-Fe_2O_3) with various morphologies: Ionic liquid-assisted synthesis, formation mechanism, and properties[J]. ACS nano, 2009, 3(11): 3749-3761.

[47] 孙玲玲,基于纺锤状 α-Fe_2O_3 纳米颗粒的多相复合光催化材料的制备及性能研究[D]. 武汉: 武汉大学,2016.

[48] CHIARELLO G L, AGUIRRE M H, SELLI E. Hydrogen production by photocatalytic steam reforming of methanol on noble metal-modified TiO_2[J]. Journal of catalysis, 2010, 273(2): 182-190.

[49] 于艳,氧化锌基复合材料的可控制备及催化性能研究[D]. 西安: 西安理工大学,2021.

[50] CHOI W, TERMIN A, HOFFMANN M R. The role of metal ion dopants in quantum-sized TiO_2: Correlation between photoreactivity and charge carrier recombination dynamics [J]. The journal of physical chemistry, 1994, 98(51): 13669-13679.

[51] DI VALENTIN C, PACCHIONI G, SELLONI A, et al. Characterization of paramagnetic species in N-doped TiO_2 powders by EPR spectroscopy and DFT calculations[J]. The journal of physical chemistry B, 2005, 109(23): 11414-11419.

[52] CHEN Y, LIU K R. RETRACTED: Preparation of granulated N-doped TiO_2/diatomite composite and its applications of visible light degradation and disinfection[J]. Powder technology, 2016, 303: 176-191.

[53] DONG F, GUO S, WANG H Q, et al. Enhancement of the visible light photocatalytic activity of C-doped TiO_2 nanomaterials prepared by a green synthetic approach[J]. The journal of physical chemistry C, 2011, 115(27): 13285-13292.

[54] 马明远,刘岭松,李佑稷,等. 铁铈共掺杂 TiO_2 纳米复合体的制备及光催化性能[J]. 硅酸盐学报,2009,37(9): 1458-1463.

[55] SCHILL L, PUTLURU S S R, JENSEN A D, et al. Effect of Fe doping on low temperature deNOx activity of high-performance vanadia anatase nanoparticles[J]. Catalysis communications, 2014, 56: 110-114.

[56] YANG K S, DAI Y, HUANG B B. Understanding photocatalytic activity of S- and P-doped TiO_2 under visible light from first-principles[J]. The journal of physical chemistry C, 2007, 111(51): 18985-18994.

[57] SUN X Q, XU X X. Efficient photocatalytic hydrogen production over La/Rh Co-doped

Ruddlesden-Popper compound Sr_2TiO_4[J]. Applied catalysis B: environmental,2017,210: 149-159.

[58] GUO Y R,LIU Q,LI Z H,et al. Enhanced photocatalytic hydrogen evolution performance of mesoporous graphitic carbon nitride Co-doped with potassium and iodine[J]. Applied catalysis B: environmental,2018,221: 362-370.

[59] CHEN L,ZHU D Y,LI J T,et al. Sulfur and potassium Co-doped graphitic carbon nitride for highly enhanced photocatalytic hydrogen evolution [J]. Applied catalysis B: environmental,2020,273: 119050.

[60] YU W L,ZHANG J F,PENG T Y. New insight into the enhanced photocatalytic activity of N-, C- and S-doped ZnO photocatalysts[J]. Applied catalysis B: environmental, 2016,181: 220-227.

[61] RAHUL T K,SANDHYARANI N. Nitrogen-fluorine Co-doped titania inverse opals for enhanced solar light driven photocatalysis[J]. Nanoscale,2015,7(43): 18259-18270.

[62] BENJWAL P,KAR K K. Removal of methylene blue from wastewater undera low power irradiation source by Zn,Mn Co-doped TiO_2 photocatalysts[J]. RSC advances,2015,5(119): 98166-98176.

[63] ALANAZI H S,AHMAD N,ALHARTHI F A. Synthesis of Gd/N Co-doped ZnO for enhanced UV-vis and direct solar-light-driven photocatalytic degradation [J]. RSC advances,2021,11(17): 10194-10202.

[64] GUO Y,GUO T,CHEN J H,et al. Synthesis of C - N - S Co-doped TiO_2 mischcrystal with an isobandgap characteristic and its photocatalytic activity under visible light[J]. Catalysis science & technology,2018,8(16): 4108-4121.

[65] WANG D,ZHOU Z H,YANG H,et al. Preparation of TiO_2 loaded with crystalline nano Ag by a one-step low-temperature hydrothermal method [J]. Journal of materials chemistry,2012,22(32): 16306.

[66] LU X M,RYCENGA M,SKRABALAK S E,et al. Chemical synthesis of novel plasmonic nanoparticles[J]. Annual review of physical chemistry,2009,60: 167-192.

[67] LIZ-MARZÁN L M. Tailoring surface plasmons through the morphology and assembly of metal nanoparticles[J]. Langmuir,2006,22(1): 32-41.

[68] KOCHUVEEDU S T,JANG Y H,KIM D H. A study on the mechanism for the interaction of light with noble metal-metal oxide semiconductor nanostructures for various photophysical applications[J]. Chemical society reviews,2013,42(21): 8467-8493.

[69] LINSEBIGLER A L, LU G Q, YATES J T Jr. Photocatalysis on TiO_2 surfaces: Principles, mechanisms, and selected results[J]. Chemical reviews, 1995, 95(3): 735-758.

[70] ZHANG X M, CHEN Y L, LIU R S, et al. Plasmonic photocatalysis[J]. Reports on progress in physics, 2013, 76(4): 046401.

[71] ZHANG Z, YATES J T JR. Band bending in semiconductors: Chemical and physical consequences at surfaces and interfaces[J]. Chemical reviews, 2012, 112(10): 5520-5551.

[72] YU D H, YU X D, WANG C H, et al. Synthesis of natural cellulose-templated TiO_2/Ag nanosponge composites and photocatalytic properties[J]. ACS applied materials & interfaces, 2012, 4(5): 2781-2787.

[73] HAQUE S A, HANDA S, PETER K, et al. Supermolecular control of charge transfer in dye-sensitized nanocrystalline TiO_2 films: Towards a quantitative structure-function relationship[J]. Angewandte Chemie (international Ed in English), 2005, 44(35): 5740-5744.

[74] NIMPOENO W A, LINTANG H O, YULIATI L. Methyl red dye-sensitized zinc oxide as photocatalyst for phenol degradation under visible light[C] //THE 14TH JOINT CONFERENCE ON CHEMISTRY 2019 "," AIP Conference Proceedings. Surakarta, Indonesia. AIP Publishing, 2020: 2237(1): 020048.

[75] YOUSSEF Z, COLOMBEAU L, YESMURZAYEVA N, et al. Dye-sensitized nanoparticles for heterogeneous photocatalysis: Cases studies with TiO_2, ZnO, fullerene and graphene for water purification[J]. Dyes and pigments, 2018, 159: 49-71.

[76] HASHIM N, THAKUR S, PATANG M, et al. Solar degradation of diclofenac using Eosin-Y-activated TiO_2: Cost estimation, process optimization and parameter interaction study [J]. Environmental technology, 2017, 38(8): 933-944.

[77] SU J, LI G D, LI X H, et al. 2D/2D heterojunctions for catalysis[J]. Advanced science, 2019, 6(7): 1801702.

[78] CUI Y, LI B, LI J B, et al. Chemical vapor deposition growth of two-dimensional heterojunctions[J]. Science China physics, mechanics & astronomy, 2017, 61(1): 016801.

[79] LOW J, YU J G, JARONIEC M, et al. Heterojunction photocatalysts[J]. Advanced materials, 2017, 29(20): 1601694.

[80] JANG J. Generalized Einstein relation for nonparabolic multiple energy-band degenerate semiconductors[J]. AIP advances, 2019, 9(10): 105122.

[81] WEI S Q, WANG F, YAN P, et al. Interfacial coupling promoting hydrogen sulfide splitting on the staggered type II g-C_3N_4/r-TiO_2 heterojunction[J]. Journal of catalysis, 2019, 377: 122-132.

[82] CHANG J S, PHUAN Y W, CHONG M N, et al. Exploration of a novel Type II 1D-ZnO nanorods/$BiVO_4$ heterojunction photocatalyst for water depollution [J]. Journal of industrial and engineering chemistry, 2020, 83: 303-314.

[83] ZHU Y X, WAN T, WEN X M, et al. Tunable Type I and II heterojunction of CoO_x nanoparticles confined in g-C_3N_4 nanotubes for photocatalytic hydrogen production [J]. Applied catalysis B: environmental, 2019, 244: 814-822.

[84] LIU J, YAN X T, QIN X S, et al. Light-assisted preparation of heterostructured g-C_3N_4/ZnO nanorods arrays for enhanced photocatalytic hydrogen performance[J]. Catalysis today, 2020, 355: 932-936.

[85] BARD A J. Photoelectrochemistry and heterogeneous photo-catalysis at semiconductors [J]. Journal of photochemistry, 1979, 10(1): 59-75.

[86] DUAN Y Y, LUO J M, ZHOU S C, et al. TiO_2-supported Ag nanoclusters with enhanced visible light activity for the photocatalytic removal of NO[J]. Applied catalysis B: environmental, 2018, 234: 206-212.

[87] MISEKI Y, SAYAMA K. Photocatalytic water splitting for solar hydrogen production using the carbonate effect and the Z-scheme reaction[J]. Advanced energy materials, 2019, 9(23): 1801294.

[88] OGAWA K, NAKADA A, SUZUKI H, et al. Flux synthesis of layered oxyhalide Bi(4)NbO(8)Cl photocatalyst for efficient Z-scheme water splitting under visible light[J]. ACS applied materials & interfaces, 2019, 11(6): 5642-5650.

[89] IWASE Y, TOMITA O, HIGASHI M, et al. Effective strategy for enhancing Z-scheme water splitting with the IO^{3-}/I^- redox mediator by using a visible light responsive TaON photocatalyst co-loaded with independently optimized two different cocatalysts [J]. Sustainable energy & fuels, 2019, 3(6): 1501-1508.

[90] ABE R, SHINMEI K, KOUMURA N, et al. Visible-light-induced water splitting based on two-step photoexcitation between dye-sensitized layered niobate and tungsten oxide photocatalysts in the presence of a triiodide/iodide shuttle redox mediator[J]. Journal of the American chemical society, 2013, 135(45): 16872-16884.

[91] ZHOU Y, ZHOU L, ZHOU Y B, et al. Z-scheme photo-Fenton system for efficiency syn-

chronous oxidation of organic contaminants and reduction of metal ions[J]. Applied catalysis B: environmental,2020,279: 119365.

[92] DI G L,ZHU Z L,ZHANG H,et al. Simultaneous sulfamethazine oxidation and bromate reduction by Pd-mediated Z-scheme Bi_2MoO_6/g-C_3N_4 photocatalysts: Synergetic mechanism and degradative pathway [J]. Chemical engineering journal, 2020, 401: 126061.

[93] ZHANG Q,LIU M,LIU S J,et al. Z-scheme g-C_3N_4/$BiVO_4$ photocatalysts with RGO as electron transport accelerator[J]. Journal of materials science: Materials in electronics, 2020,31(1): 667-676.

[94] YU J G,WANG S H,LOW J,et al. Enhanced photocatalytic performance of direct Z-scheme g-C_3N_4-TiO_2 photocatalysts for the decomposition of formaldehyde in air[J]. Physical chemistry chemical physics,2013,15(39): 16883-16890.

[95] XU Q L,ZHANG L Y,YU J G,et al. Direct Z-scheme photocatalysts: Principles, synthesis,and applications[J]. Materials today,2018,21(10): 1042-1063.

[96] XIA P F,CAO S W,ZHU B C,et al. Designing a 0D/2D S-scheme heterojunction over polymeric carbon nitride for visible-light photocatalytic inactivation of bacteria[J]. Angewandte Chemie (international Ed in English),2020,59(13): 5218-5225.

[97] GE H N,XU F Y,CHENG B,et al. S-scheme heterojunction TiO_2/CdS nanocomposite nanofiber as H_2-production photocatalyst [J]. ChemCatChem, 2019, 11 (24): 6301-6309.

[98] XU F Y,MENG K,CHENG B,et al. Unique S-scheme heterojunctions in self-assembled TiO_2/CsPbBr(3) hybrids for CO_2 photoreduction[J]. Nature communications,2020,11(1): 4613.

[99] NAVROTSKY A,MAZEINA L,MAJZLAN J. Size-driven structural and thermodynamic complexity in iron oxides[J]. Science,2008,319(5870): 1635-1638.

[100] 王小明. 几种亚稳态铁氧化物的结构、形成转化及其表面物理化学特性[M]. 武汉: 华中农业大学,2015.

[101] CORMELL R M,SCHWERTMANN U. The iron oxides: Structure,properties,reactions, occurences and uses[M]. Berlin: Wiley-VCH,2003.

[102] BATTISHA I K,ABOU HAMAD A B,MAHANI R M. Structure and dielectric studies of nano-composite Fe_2O_3: $BaTiO_3$ prepared by Sol - gel method[J]. Physica B: condensed matter,2009,404(16): 2274-2279.

[103] GE S, SHI X Y, SUN K, et al. A facile hydrothermal synthesis of iron oxide nanoparticles with tunable magnetic properties[J]. The journal of physical chemistry C, Nanomaterials and interfaces, 2009, 113(31): 13593-13599.

[104] ARONNIEMI M, SAINO J, LAHTINEN J. Characterization and gas-sensing behavior of an iron oxide thin film prepared by atomic layer deposition[J]. Thin solid films, 2008, 516(18): 6110-6115.

[105] SAKURAI S, NAMAI A, HASHIMOTO K, et al. First observation of phase transformation of all four Fe(2)O(3) phases (gamma: >Epsilon: > beta: > alpha-phase)[J]. Journal of the American chemical society, 2009, 131(51): 18299-18303.

[106] JIA C J, SUN L D, YAN Z G, et al. Single-crystalline iron oxide nanotubes[J]. Angewandte Chemie (international Ed in English), 2005, 44(28): 4328-4333.

[107] JIANG J X, ZHANG Q H, ZHAN X L, et al. A multifunctional gelatin-based aerogel with superior pollutants adsorption, oil/water separation and photocatalytic properties [J]. Chemical engineering journal, 2019, 358: 1539-1551.

[108] PU Z F, CAO M H, YANG J, et al. Controlled synthesis and growth mechanism of hematite nanorhombohedra, nanorods and nanocubes[J]. Nanotechnology, 2006, 17 (3): 799-804.

[109] LIU L, KOU H Z, MO W L, et al. Surfactant-assisted synthesis of alpha-Fe_2O_3 nanotubes and nanorods with shape-dependent magnetic properties[J]. The journal of physical chemistry B, 2006, 110(31): 15218-15223.

[110] NASSAR M Y, AHMED I S, HENDY H S. A facile one-pot hydrothermal synthesis of hematite (α-Fe_2O_3) nanostructures and cephalexin antibiotic sorptive removal from polluted aqueous media[J]. Journal of molecular liquids, 2018, 271: 844-856.

[111] TADIC M, TRPKOV D, KOPANJA L, et al. Hydrothermal synthesis of hematite (α-Fe_2O_3) nanoparticle forms: Synthesis conditions, structure, particle shape analysis, cytotoxicity and magnetic properties[J]. Journal of alloys and compounds, 2019, 792: 599-609.

[112] XU X J, WANG J, YANG C Q, et al. Sol - gel formation of γ-Fe_2O_3/SiO_2 nanocomposites: Effects of different iron raw material[J]. Journal of alloys and compounds, 2009, 468(1/2): 414-420.

[113] BOUMAZA S, KABIR H, GHARBI I, et al. Preparation and photocatalytic H_2-

production onα-Fe_2O_3 prepared by Sol-gel [J]. International journal of hydrogen energy,2018,43(6): 3424-3430.

[114] MATHEVULA L E,NOTO L L,MOTHUDI B M,et al. Structural and optical properties of Sol-gel derivedα-Fe_2O_3 nanoparticles [J]. Journal of luminescence, 2017, 192: 879-887.

[115] LIANG H N,LIU K,NI Y H. Synthesis of mesoporousα-Fe_2O_3 via Sol - gel methods using cellulose nano-crystals (CNC) as template and its photo-catalytic properties[J]. Materials letters,2015,159: 218-220.

[116] GASH A E,TILLOTSON T M,SATCHER J H Jr,et al. Use of epoxides in the Sol - gel synthesis of porous iron (III) oxide monoliths from Fe (III) salts [J]. Chemistry of materials,2001,13(3): 999-1007.

[117] SANKADIYA S,OSWAL N,JAIN P,et al. Synthesis and characterization of Fe_2O_3 nanoparticles by simple precipitation method[C] //AIP Conference Proceedings. Baroda (India). American Institute of Physics,2016: 1724(1): 421-426.

[118] 王林. 纳米氧化铁的制备与应用研究进展[J]. 科技致富向导,2011,11(7): 67.

[119] FARAHMANDJOU M, SOFLAEE F. Synthesis and characterization of α-Fe_2O_3, nanoparticles by simple co-precipitation method [J]. Research Letters in Physical Chemistry,2015,3(3): 193-198.

[120] SESIGUR H,ACMA E,ADDEMIR O,et al. The preparation of magnetic iron oxide[J]. Materials research bulletin,1996,31(12): 1573-1579.

[121] YU J S. Method for preparation of hematite iron oxide with different nanostructures and hematite iron oxide prepared thereby: US20130251624[P]. 2013-09-26.

[122] BUMAJDAD A, ALI S, MATHEW A. Characterization of iron hydroxide/oxide nanoparticles prepared in microemulsions stabilized with cationic/non-ionic surfactant mixtures[J]. Journal of colloid and interface science,2011,355(2): 282-292.

[123] LIANG S, LI J P, WANG F, et al. Highly sensitive acetone gas sensor based on ultrafineα-Fe_2O_3 nanoparticles [J]. Sensors and actuators B: chemical, 2017, 238: 923-927.

[124] MARINHO J Z, MONTES R H O, DE MOURA A P, et al. Rapid preparation ofα-FeOOH and α-Fe_2O_3 nanostructures by microwave heating and their application in electrochemical sensors[J]. Materials research bulletin,2014,49: 572-576.

[125] MALLESH S, NARSIMULU D, KIM K H. High coercivity in α-Fe_2O_3 nanostructures synthesized by surfactant-free microwave-assisted solvothermal method [J]. Physics letters A,2020,384(1): 126038.

[126] SUN T W, ZHU Y J, QI C, et al. α-Fe_2O_3 nanosheet-assembled hierarchical hollow mesoporous microspheres: Microwave-assisted solvothermal synthesis and application in photocatalysis[J]. Journal of colloid and interface science,2016,463: 107-117.

[127] BANG J H, SUSLICK K S. Sonochemical synthesis of nanosized hollow hematite[J]. Journal of the American chemical society,2007,129(8): 2242-2243.

[128] TIAN P, SUN C X, ZHU P H, et al. Template-engaged synthesis of macroporous tubular hierarchical α-Fe_2O_3 and its ultrafast transfer performance [J]. Chemical physics letters,2018,706: 261-265.

[129] ZHANG D E, TONG Z W, LI S Z, et al. Fabrication and characterization of hollow Fe_3O_4 nanospheres in a microemulsion [J]. Materials letters, 2008, 62 (24): 4053-4055.

[130] GENG F X, ZHAO Z G, CONG H T, et al. An environment-friendly microemulsion approach to α-FeOOH nanorods at room temperature[J]. Materials research bulletin, 2006,41(12): 2238-2243.

[131] SUN W T, MENG Q Q, JING L Q, et al. Facile synthesis of surface-modified nanosized α-Fe_2O_3 as efficient visible photocatalysts and mechanism insight[J]. The journal of physical chemistry C,2013,117(3): 1358-1365.

[132] 李秀莹,王靖宇,王晓宇,等. Fe_2O_3-TiO_2 磁性复合材料的制备及可见光催化性能[J]. 高等学校化学学报,2010,31(4): 662-666.

[133] LING Y C, WANG G M, WHEELER D A, et al. Sn-doped hematite nanostructures for photoelectrochemical water splitting[J]. Nano letters,2011,11(5): 2119-2125.

[134] PRADHAN G K, SAHU N, PARIDA K M. Fabrication of S, N Co-doped α-Fe_2O_3 nanostructures: Effect of doping, OH radical formation, surface area, [110] plane and particle size on the photocatalytic activity [J]. RSC advances, 2013, 3 (21): 7912-7920.

[135] CESAR I, KAY A, GONZALEZ MARTINEZ J A, et al. Translucent thin film Fe_2O_3 photoanodes for efficient water splitting by sunlight: Nanostructure-directing effect of Si-doping[J]. Journal of the American chemical society,2006,128(14): 4582-4583.

[136] WANG J, PAN S L, CHEN M Y, et al. Gold nanorod-enhanced light absorption and

photoelectrochemical performance ofα-Fe_2O_3 thin-film electrode for solar water splitting [J]. The journal of physical chemistry C,2013,117(42): 22060-22068.

[137] JANG J S,YOON K Y,XIAO X Y,et al. Development of a potential Fe_2O_3-based photocatalyst thin film for water oxidation by scanning electrochemical microscopy: Effects of Ag - Fe_2O_3 nanocomposite and Sn doping[J]. Chemistry of materials,2009,21(20): 4803-4810.

[138] HONG H Y,HU L,LI M,et al. Preparation of Pt@ Fe_2O_3 nanowires and their catalysis of selective oxidation of olefins and alcohols [J]. Chemistry, 2011, 17 (31): 8726-8730.

[139] LUO J,MAGGARD P. Hydrothermal synthesis and photocatalytic activities of $SrTiO_3$-coated Fe_2O_3 and $BiFeO_3$[J]. Advanced materials,2006,18(4): 514-517.

[140] LIU Y,YU L,HU Y,et al. A magnetically separable photocatalyst based on nest-likeγ-Fe_2O_3/ZnO double-shelled hollow structures with enhanced photocatalytic activity[J]. Nanoscale,2012,4(1): 183-187.

[141] PALANISAMY B, BABU C M, SUNDARAVEL B, et al. Sol - gel synthesis of mesoporous mixed Fe_2O_3/TiO_2 photocatalyst: Application for degradation of 4-chlorophenol[J]. Journal of hazardous materials,2013,252: 233-242.

[142] AI Z H,LU L R,LI J P,et al. Fe@ Fe_2O_3 Core-Shell nanowires as the iron reagent. 2. an efficient and reusable sono-Fenton system working at neutral pH[J]. The journal of physical chemistry C,2007,111(20): 7430-7436.

[143] WANG L,WEI H W,FAN Y J,et al. One-dimensional CdS/α-Fe_2O_3 and CdS/Fe_3O_4 heterostructures: Epitaxial and nonepitaxial growth and photocatalytic activity[J]. The journal of physical chemistry C,2009,113(32): 14119-14125.

[144] LUO J,MAGGARD P. Hydrothermal synthesis and photocatalytic activities of $SrTiO_3$-coated Fe_2O_3 and $BiFeO_3$[J]. Advanced materials,2006,18(4): 514-517.

[145] YING Y,ZHANG Y,GAO T,et al. Synergistic phase and disorder engineering in 1T-$MoSe_2$ nanosheetsfor enhanced hydrogen-evolution reaction[J]. Adv. Mater. ,2017,29(28): 1700311.

附录　部分彩图

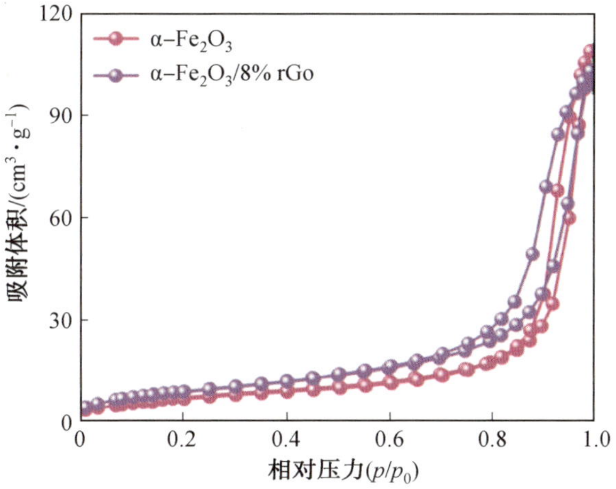

图 3.5

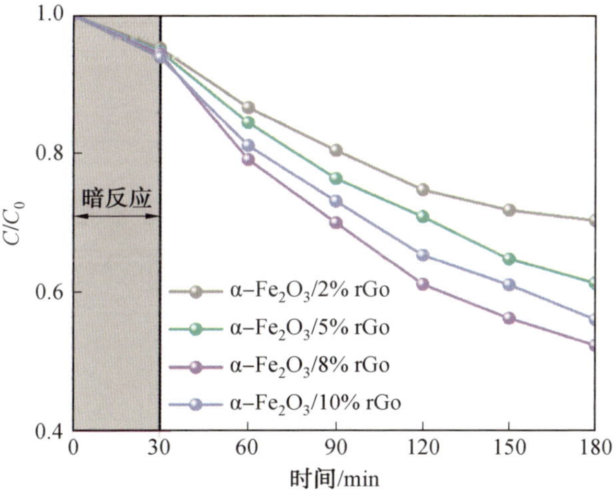

图 3.6

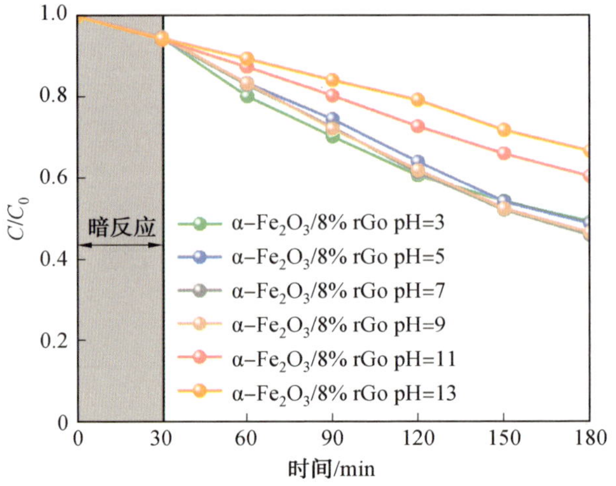

1.0
0.8
0.6
0.4
0.2
0
C/C_0
暗反应
α-Fe_2O_3/8% rGo pH=3
α-Fe_2O_3/8% rGo pH=5
α-Fe_2O_3/8% rGo pH=7
α-Fe_2O_3/8% rGo pH=9
α-Fe_2O_3/8% rGo pH=11
α-Fe_2O_3/8% rGo pH=13
0 30 60 90 120 150 180
时间/min

图 3.7

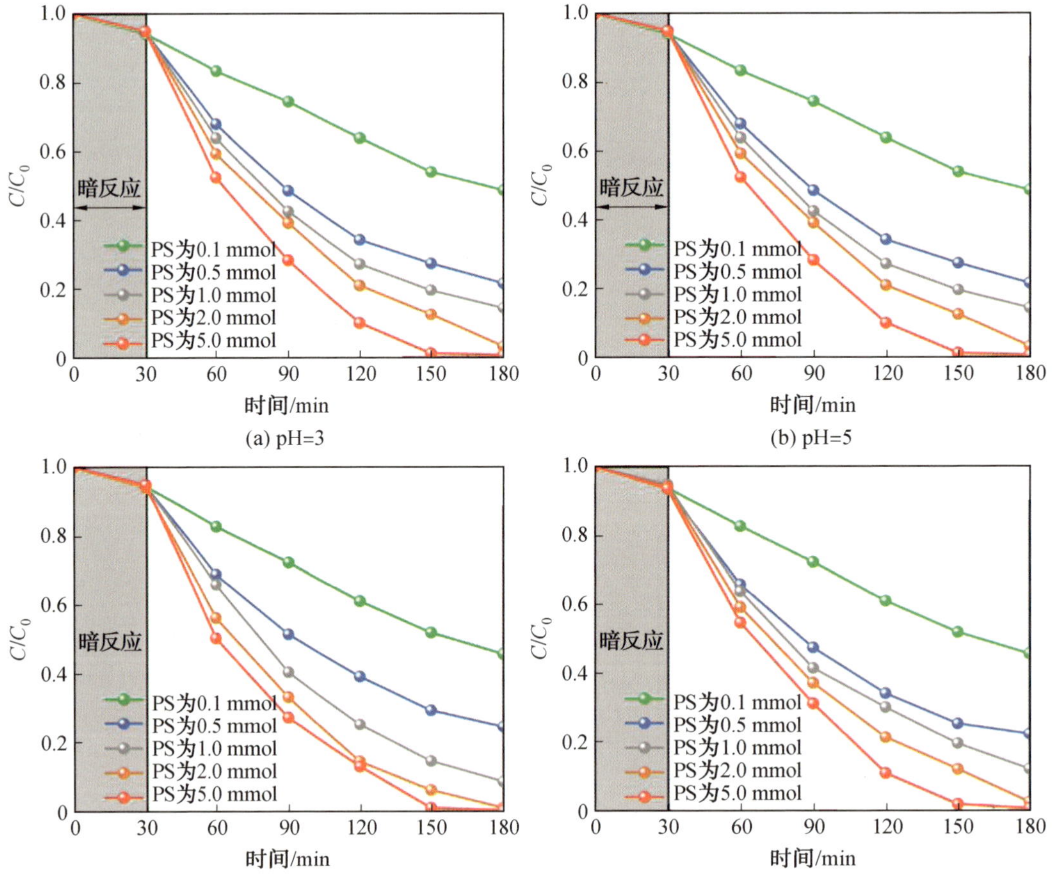

C/C_0
暗反应
PS为0.1 mmol
PS为0.5 mmol
PS为1.0 mmol
PS为2.0 mmol
PS为5.0 mmol
0 30 60 90 120 150 180
时间/min
(a) pH=3
(b) pH=5
(c) pH=7
(d) pH=9

图 3.8

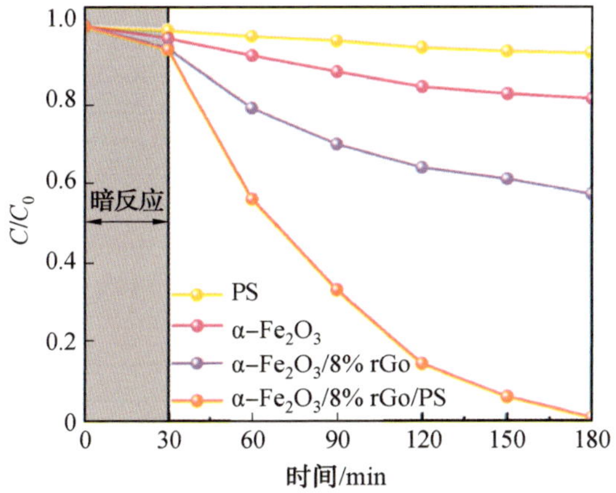

(a) 光催化降解率与吸附时间的关系

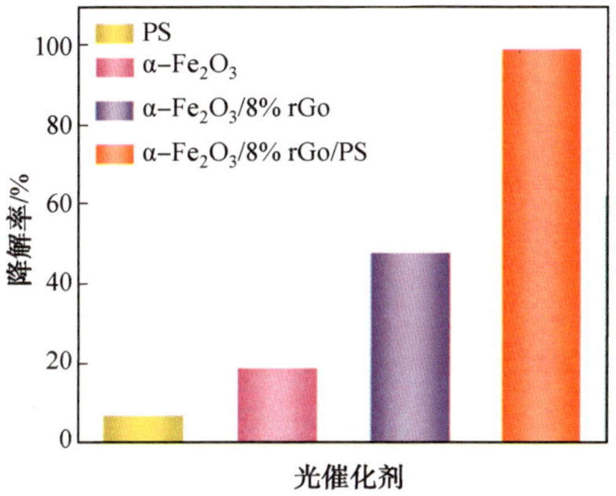

(b) 不同样品对双酚A的最终降解率

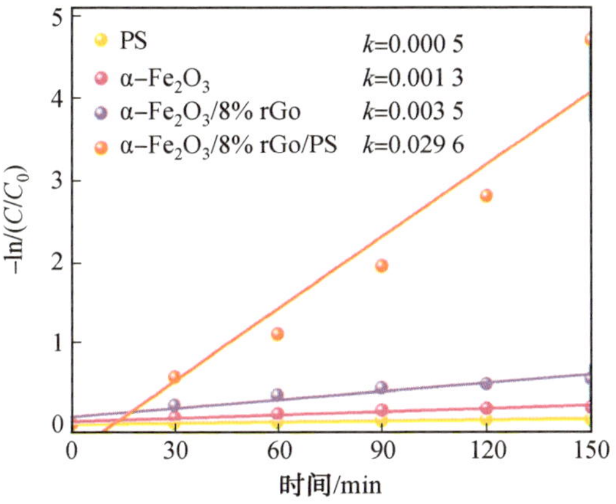

(c) 表观反应速率常数(k)

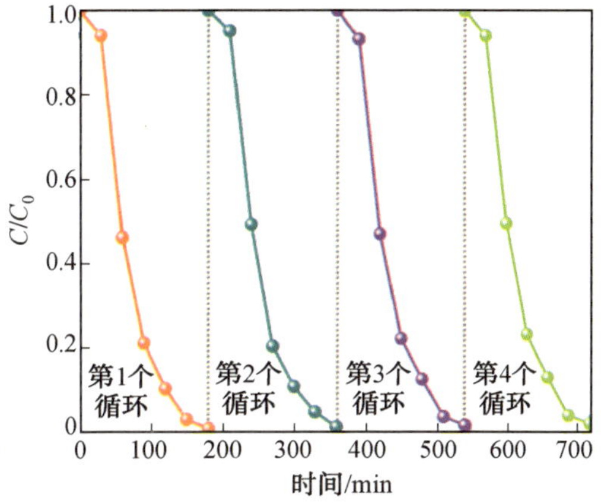

(d) α-Fe_2O_3/8% rGo/PS光催化循环降解双酚A

图 3.9

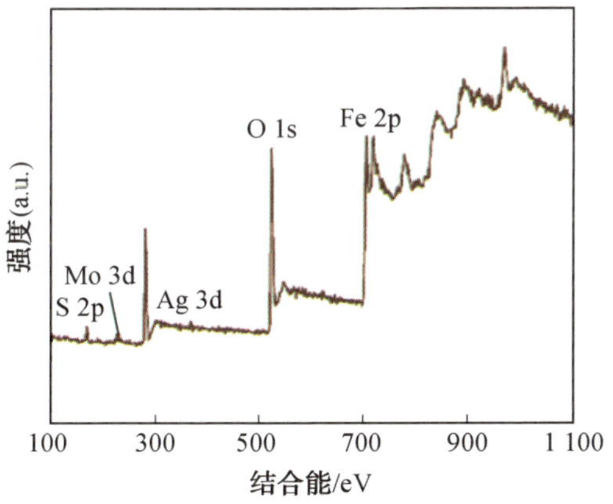

(a) XPS全谱

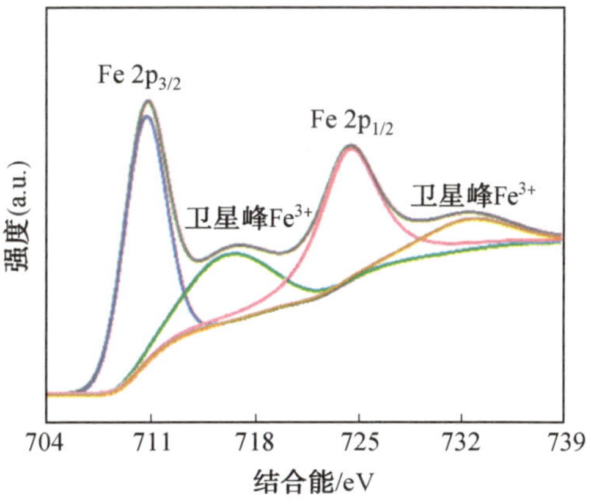

(b) Fe 2p

图 4.2

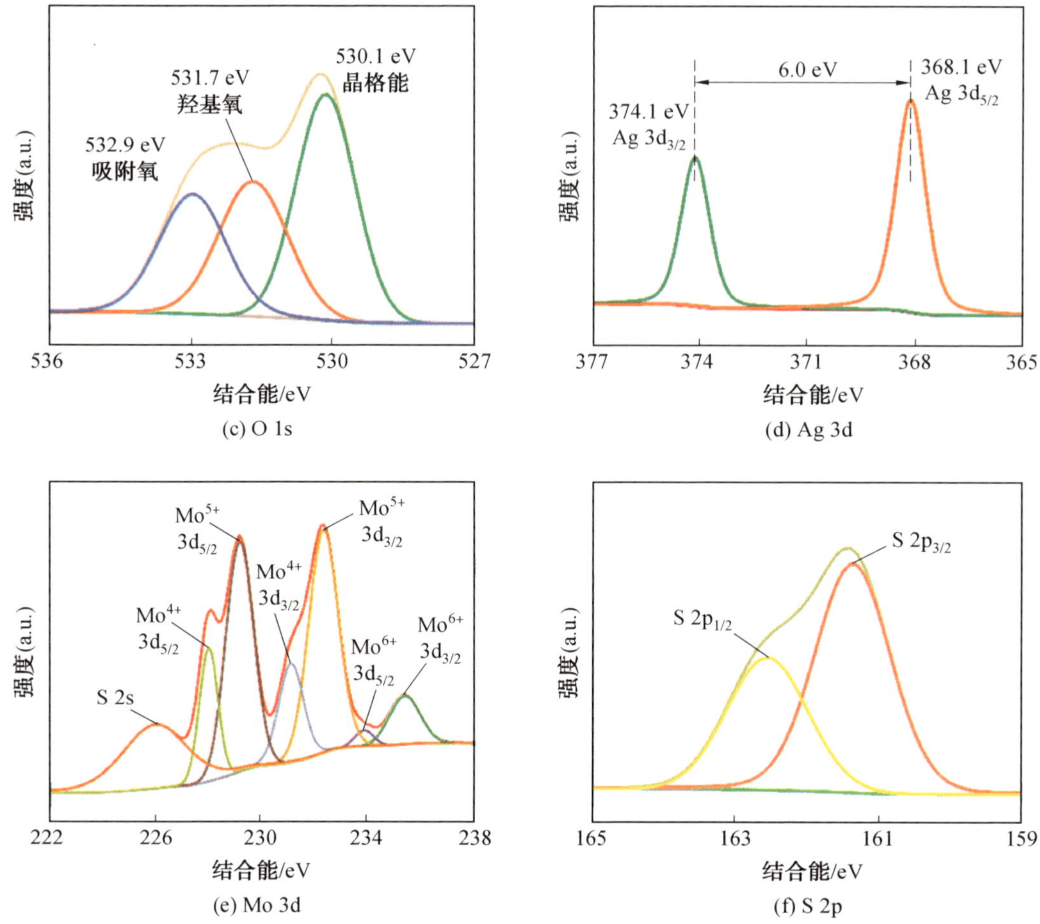

(c) O 1s (d) Ag 3d

(e) Mo 3d (f) S 2p

续图 4.2

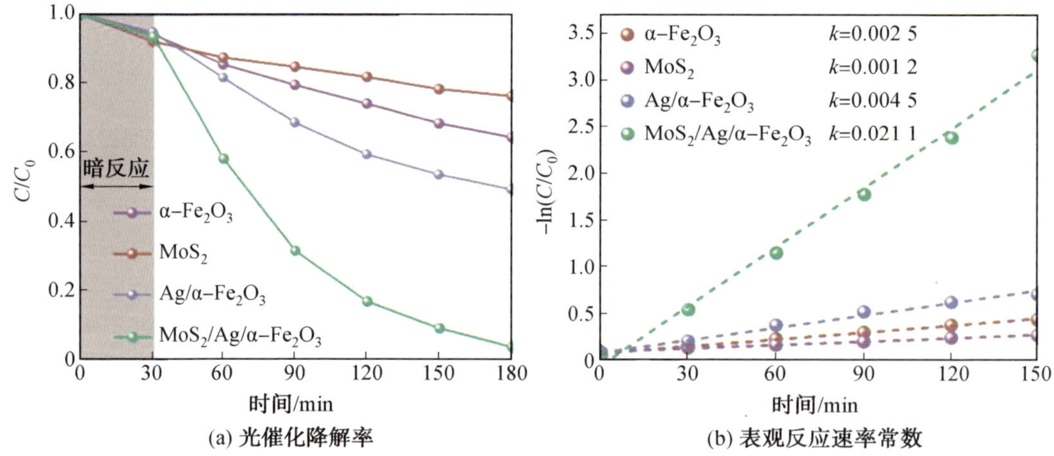

(a) 光催化降解率 (b) 表观反应速率常数

图 4.4

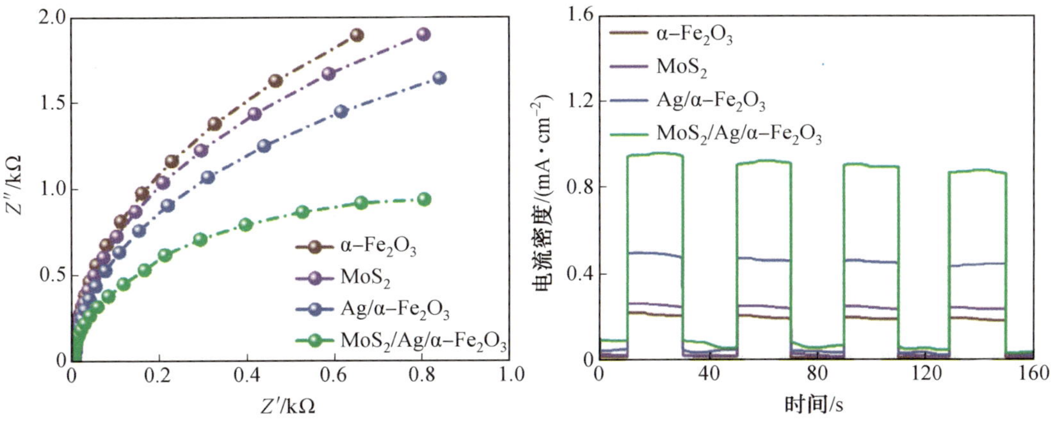

(a) 电化学阻抗谱　(b) 瞬态光电流响应谱图

图 4.6

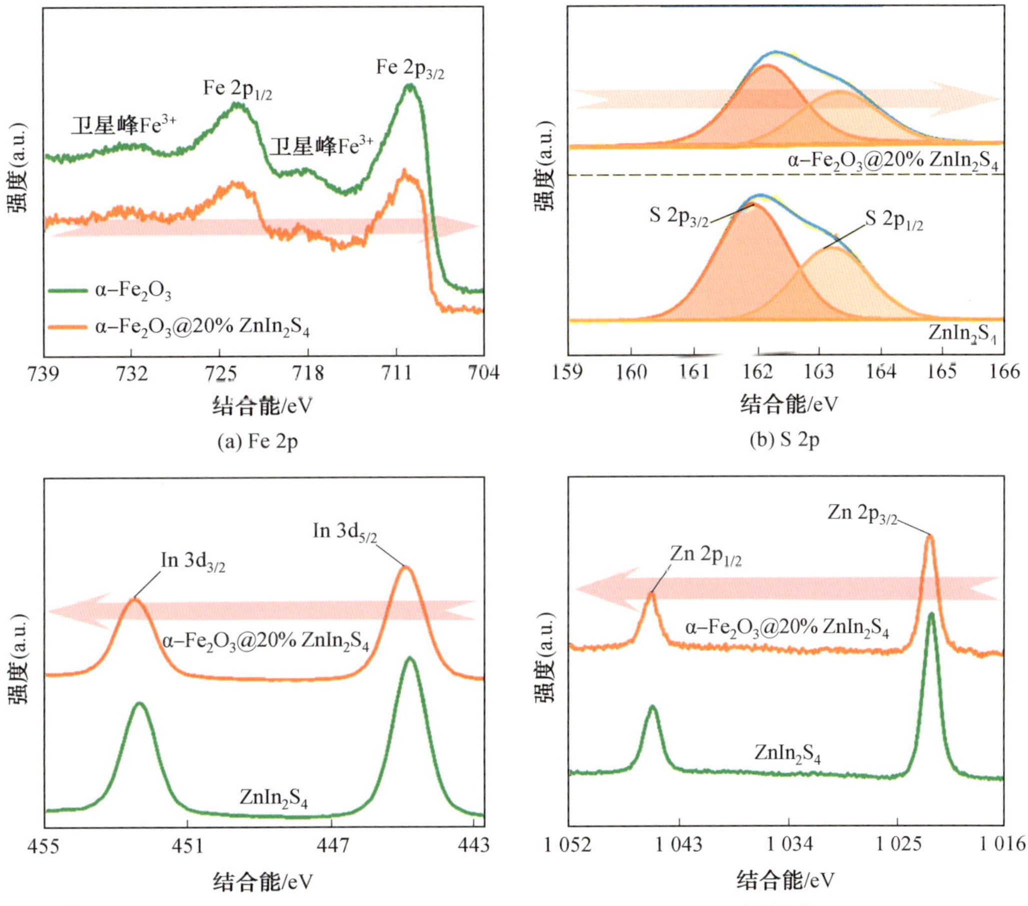

(a) Fe 2p　(b) S 2p

(c) In 3d　(d) Zn 2p

图 5.3

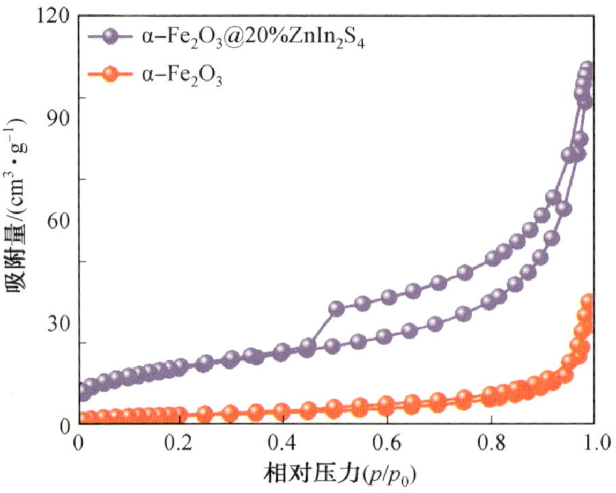

图 5.5

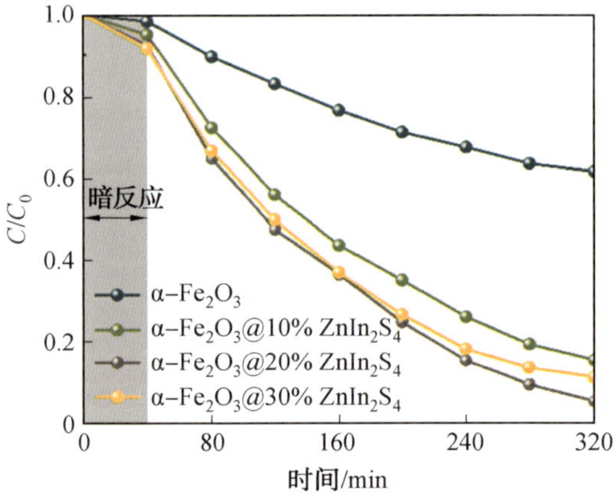

(a) 光催化降解率

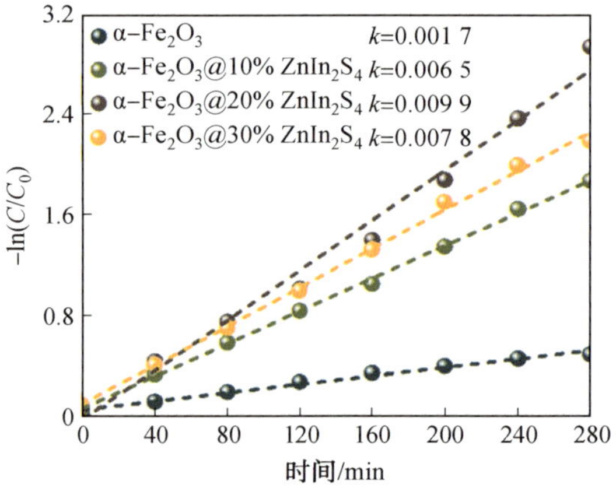

(b) 表观反应速率常数

图 5.6

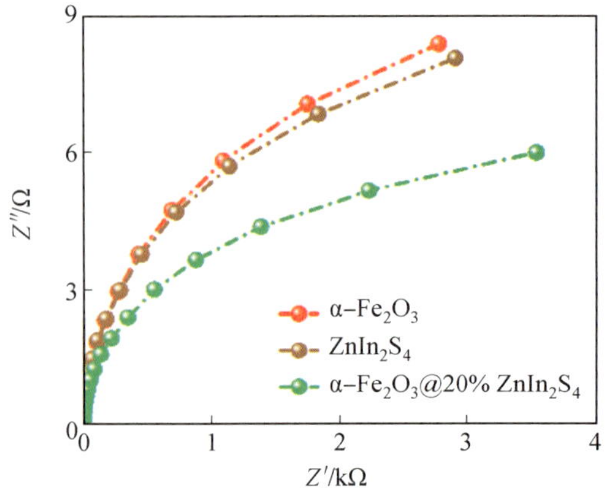

(a) 电化学阻抗谱

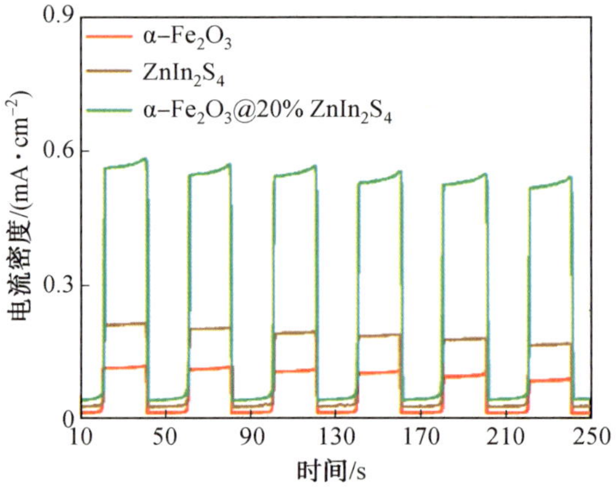

(b) 瞬态光电流响应谱图

图 5.8

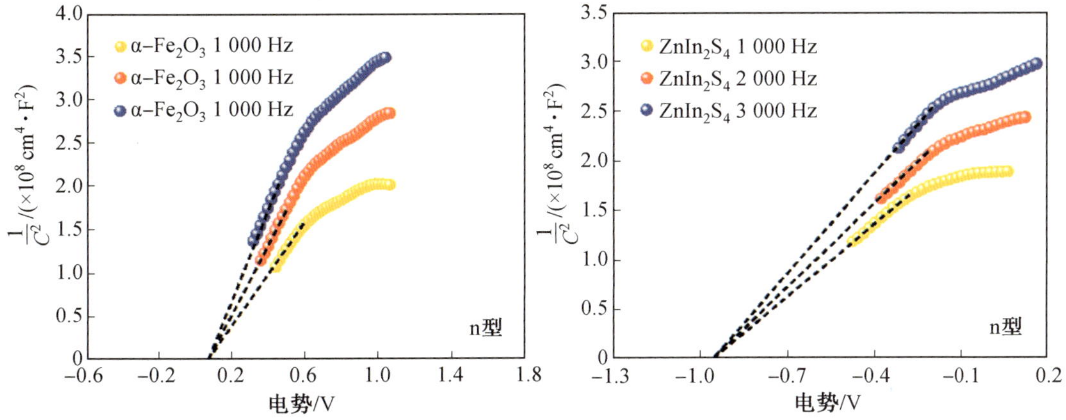

(a) α-Fe_2O_3　　(b) $ZnIn_2S_4$

图 5.11

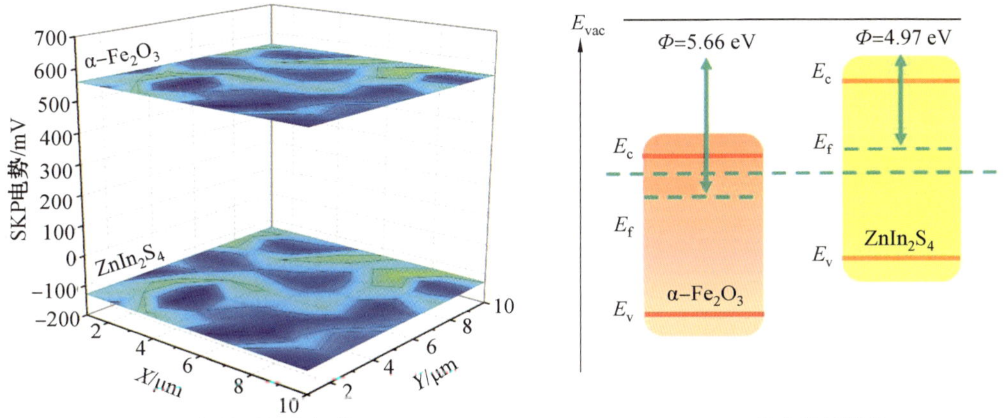

(a) 扫描开尔文探针　　(b) 费米能级结构

图 5.13

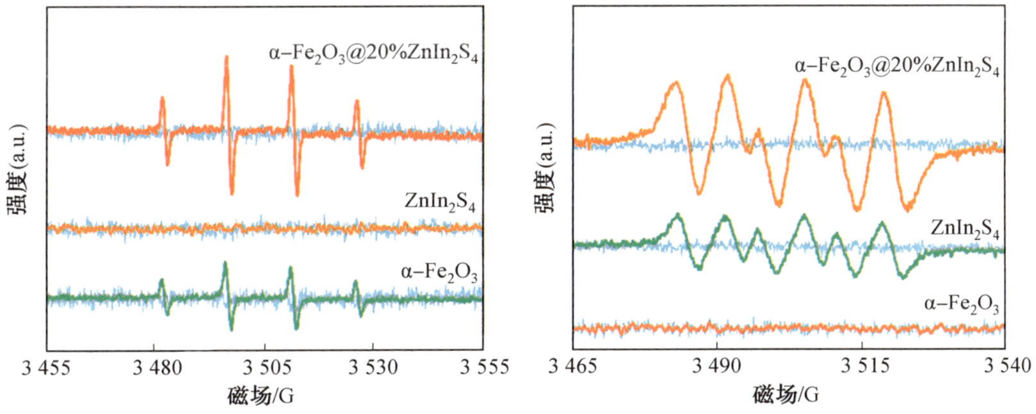

(a) ·OH　　(b) $\cdot O_2^-$

图 5.15

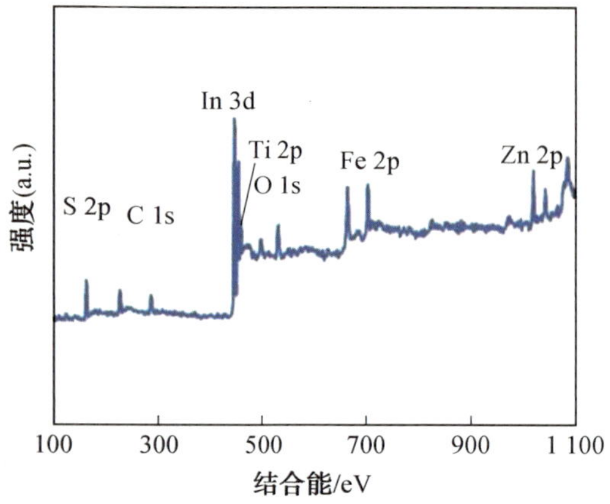

(a) 全元素ISI-XPS光谱

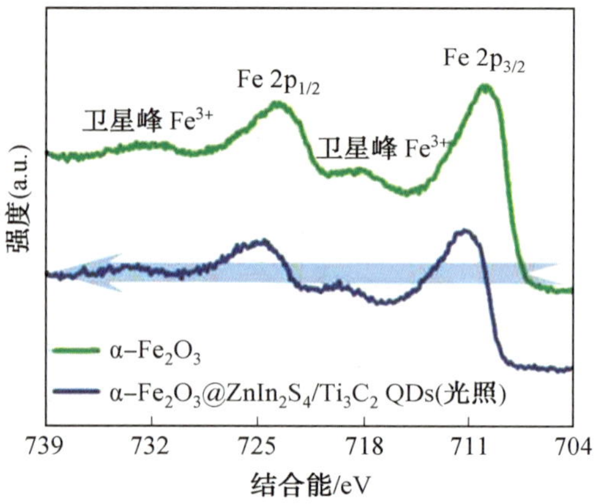

(b) Fe 2p

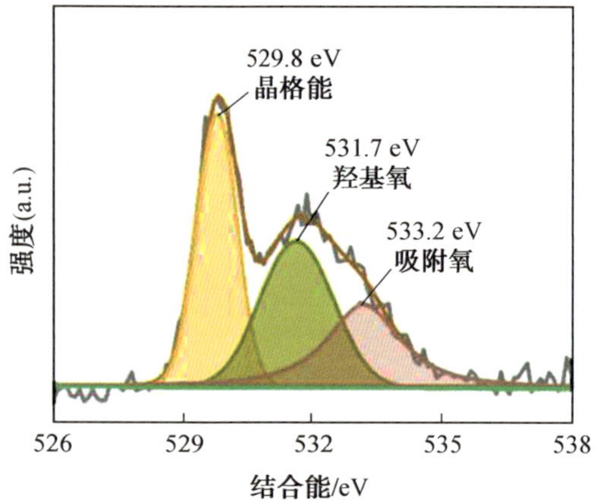

(c) O 1s

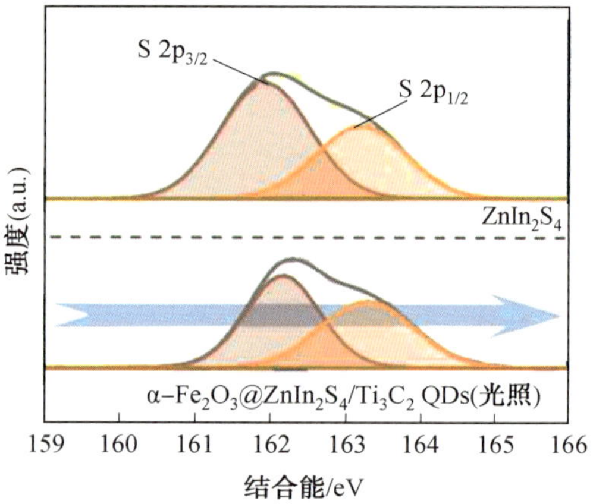

(d) S 2p

图 6.2

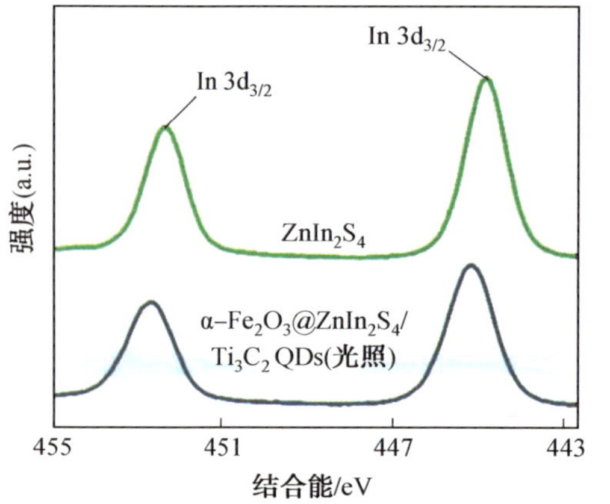

(a) In 3d

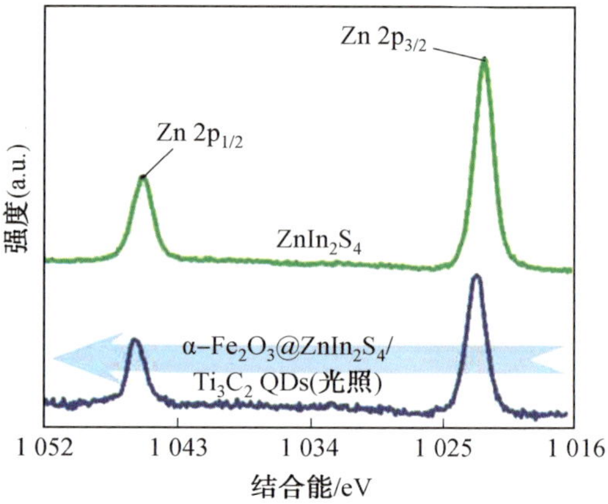

(b) Zn 2p

图 6.3

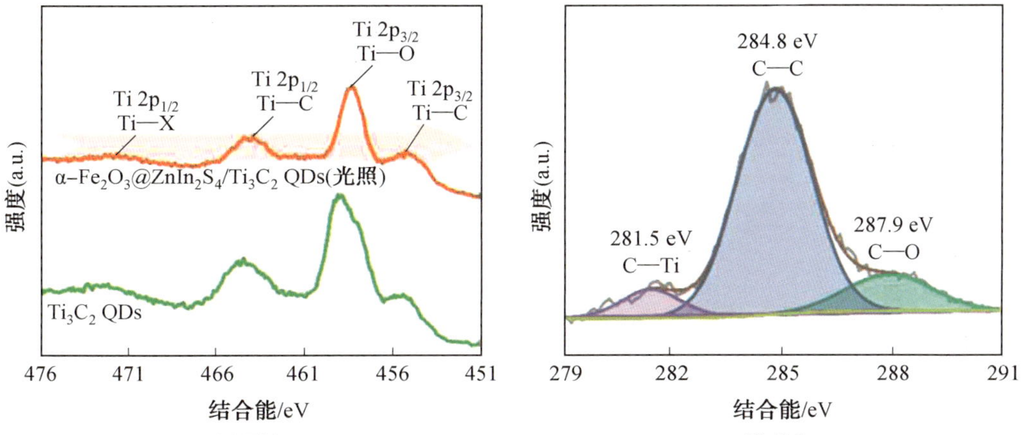

(c) Ti 2p　　(d) C 1s

续图 6.3

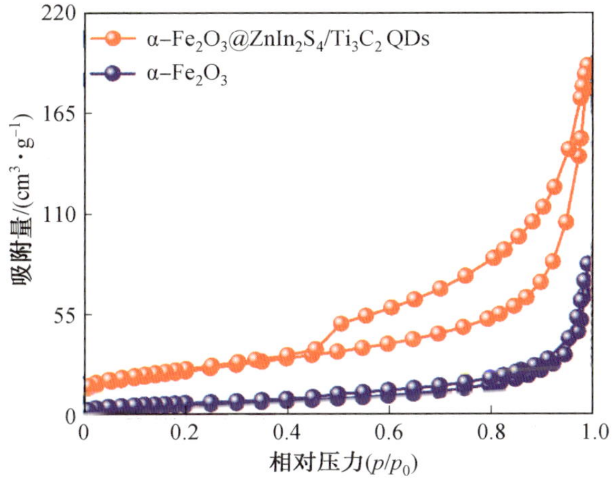

图 6.6

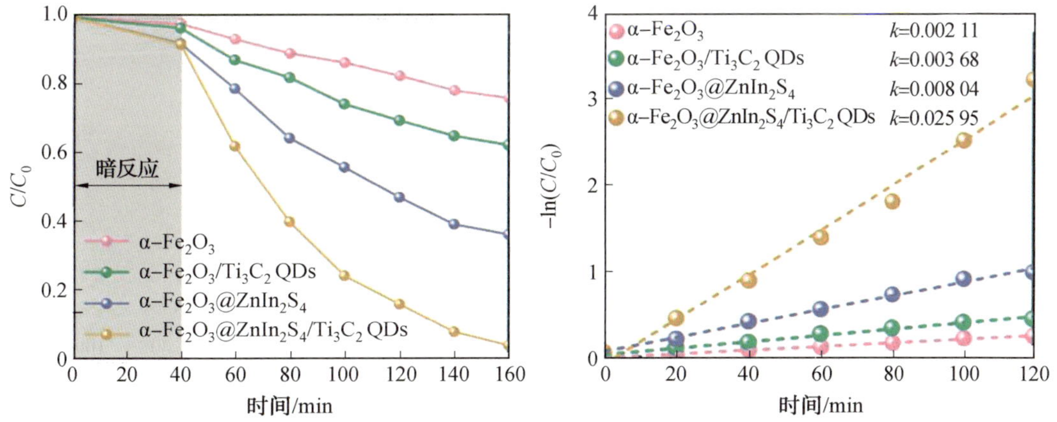

(a) 光催化降解率　　(b) 表观反应速率常数

图 6.7

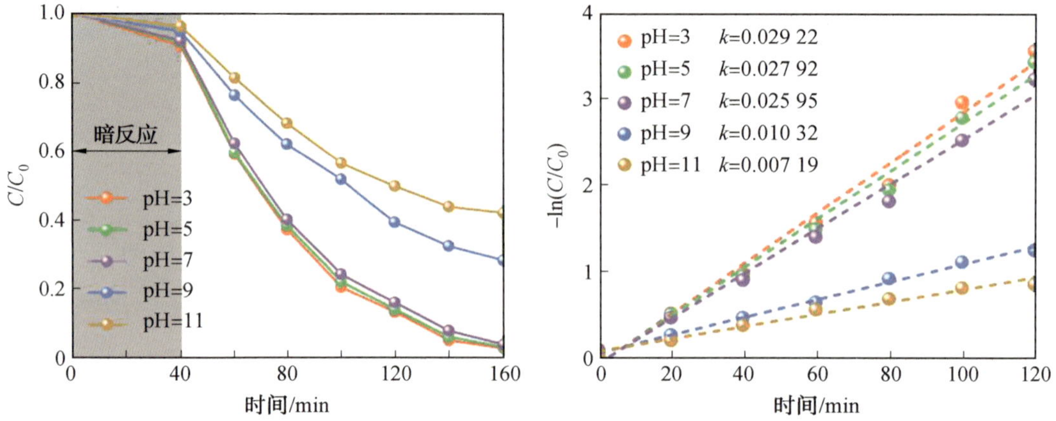

(a) 光催化降解率 (b) 表观反应速率常数

图 6.9

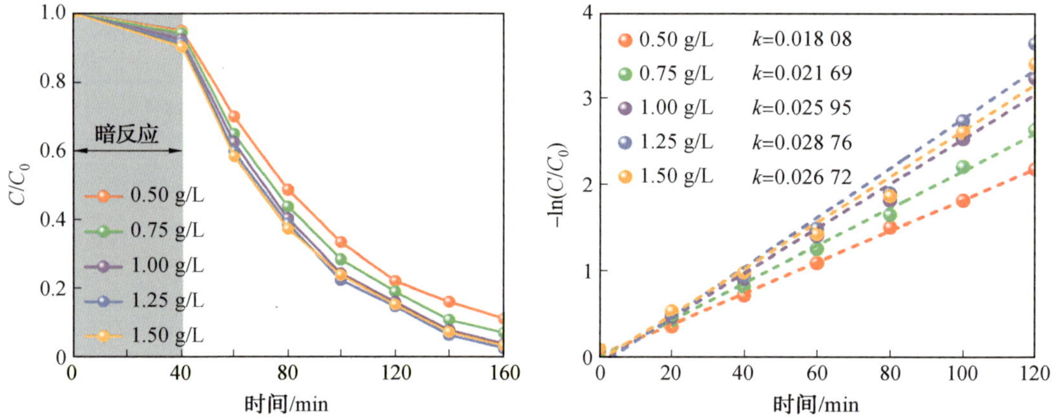

(a) 光催化降解率 (b) 表观反应速率常数

图 6.10

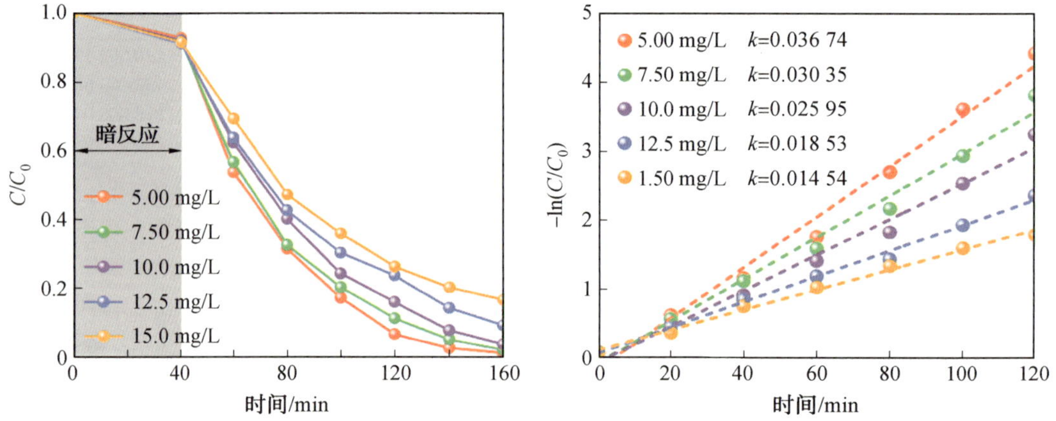

(a) 光催化降解率 (b) 表观反应速率常数

图 6.11

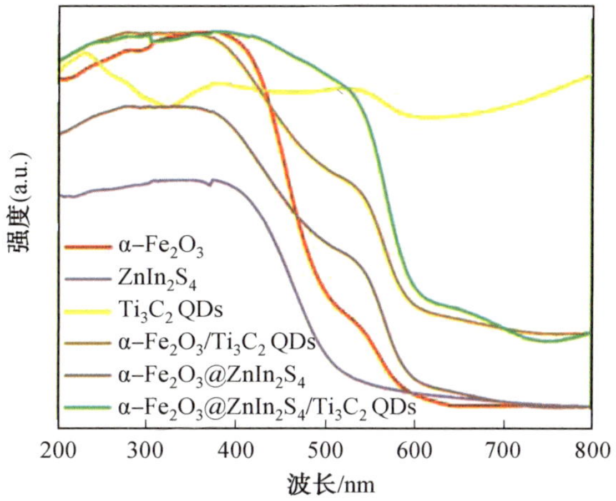

图 6.12

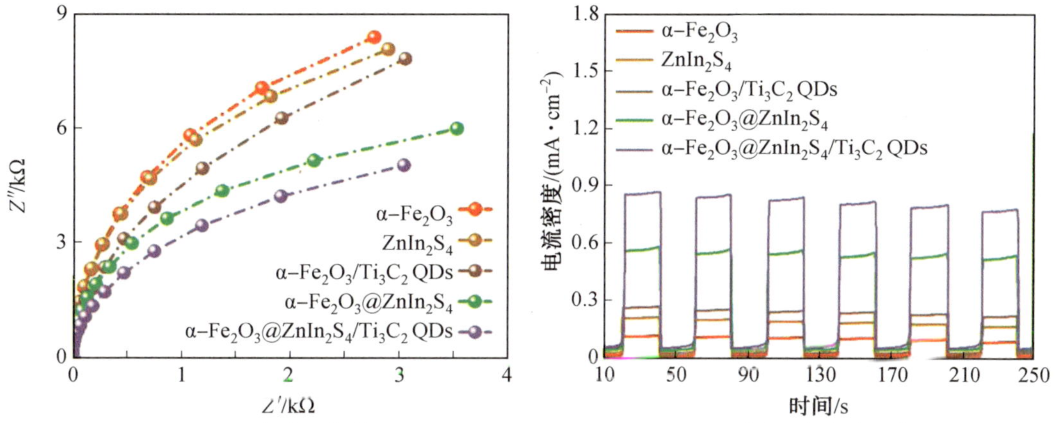

(a) 电化学阻抗谱

(b) 瞬态光电流响应谱图

图 6.13

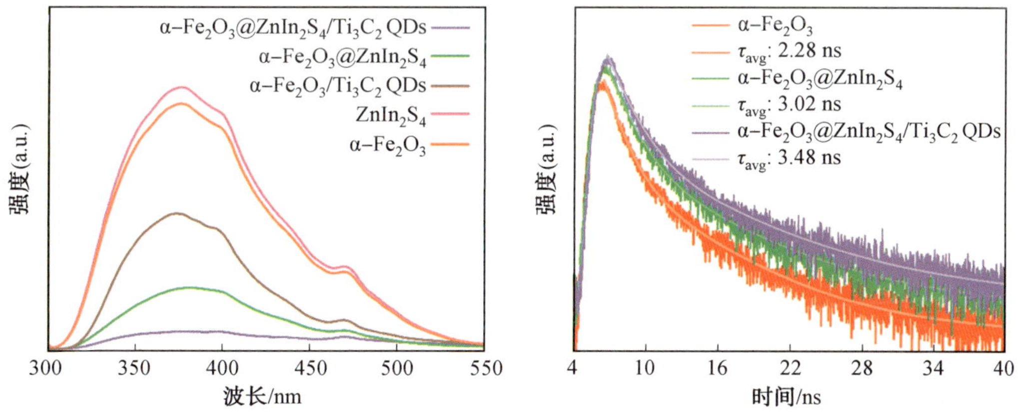

(a) 稳态PL光谱

(b) 时间分辨PL光谱

图 6.14

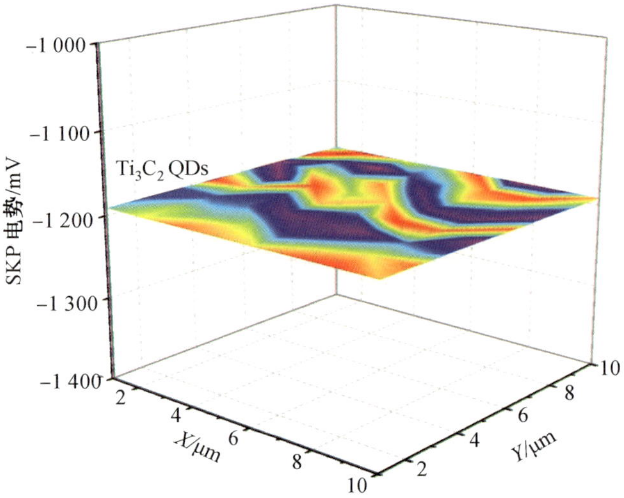

−1 000
−1 100
−1 200
−1 300
−1 400
SKP 电势/mV
Ti_3C_2 QDs
X/μm
2
4
6
8
10
Y/μm
2
4
6
8
10

图 6.15